“海洋梦”系列丛书

蔚蓝星汉

奇趣海岛

“海洋梦”系列丛书编委会◎编

合肥工業大學出版社
HEFEI UNIVERSITY OF TECHNOLOGY PRESS

图书在版编目（CIP）数据

蔚蓝星汉：奇趣海岛/“海洋梦”系列丛书编委会编．—合肥：合肥工业大学出版社，2015.9（2021.6重印）

ISBN 978-7-5650-2419-1

Ⅰ.①蔚… Ⅱ.①海… Ⅲ.①岛—普及读物 Ⅳ.①P931.2-49

中国版本图书馆CIP数据核字（2015）第208996号

蔚蓝星汉：奇趣海岛

“海洋梦”系列丛书编委会 编　　责任编辑 刘 欢 李克明

出 版	合肥工业大学出版社	版 次	2015年9月第1版
地 址	合肥市屯溪路193号	印 次	2021年6月第3次印刷
邮 编	230009	开 本	710毫米×1000毫米 1/16
电 话	总 编 室：0551-62903038	印 张	12.75
	市场营销部：0551-62903198	字 数	200千字
网 址	www.hfutpress.com.cn	印 刷	安徽芜湖新华印务有限责任公司
E-mail	hfutpress@163.com	发 行	全国新华书店

ISBN 978-7-5650-2419-1　　定价：35.00元

如果有影响阅读的印装质量问题，请与出版社市场营销部联系调换。

目　录

蔚蓝星汉——奇趣海岛

第一章　美丽富饶的中国海岛

第一章
美丽富饶的中国海岛

我国的海域有很多海岛，面积达 500 平方米以上的岛屿为 6536 个，总面积 72800 多平方公里，岛屿岸线长 14217.8 公里。其中有人居住的岛屿为 450 个。最为著名的有台湾岛、海南岛、长山群岛和西沙群岛等岛屿。另外，在众多岛屿中东海的岛屿约占岛屿总数的 60%，南海的岛屿约占 30%，黄、渤海的岛屿约占 10%。下面就让我们一起去认识中国海岛吧！

第一节　中国名岛

中国宝岛：台湾岛

我们常说台湾岛是西太平洋岛弧的一部分。其实台湾岛的主体早已成为大陆的一部分，而新生代确实有个小小岛弧，从东部逐渐靠近，最终与大陆碰撞，仰冲到大陆上来，形成了台东山脉，而且推动了中央山脉的隆起。台湾南北两个岛弧连接处有火山、地震活动，但本身没有海沟和俯冲带。

台湾岛卫星图

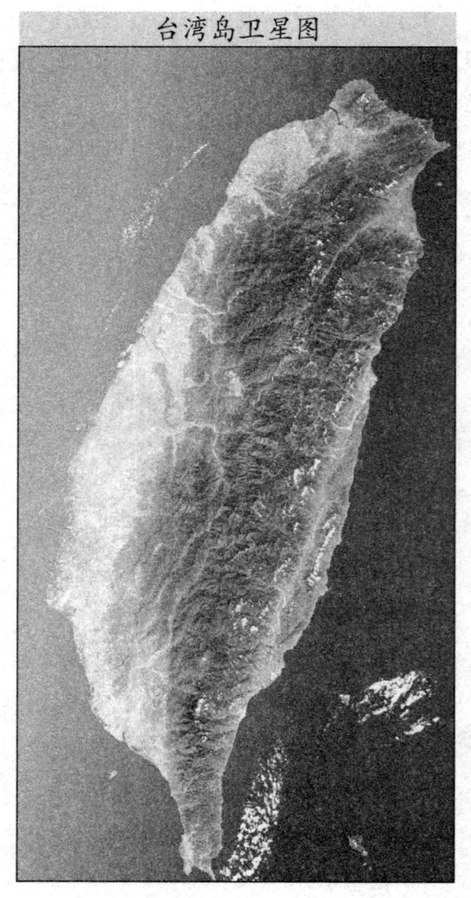

祖国的第一大岛台湾岛，位于北纬21°54′～25°18′，东经120°1′～122°0′，与大陆仅有台湾海峡相隔。岛形如纺锤，南北长约394千米，东西最宽约144千米，面积3.57万平方千米。除本岛外，周围还有澎湖列岛、钓鱼列岛、兰屿岛等大小附属岛屿共223个。

台湾岛山地和丘陵面积占 2/3。中、东部自西向东有阿里山脉、雪山山脉、玉山山脉、中央山脉和台东山脉五条平行山脉，呈北北东－南西西走向，以中央山脉为主分水岭。最高峰玉山，海拔 3997 米，为中国东南部第一高峰。狭长的台东纵谷介于台东山脉与中央山脉之间。西部有台南平原和屏东平原，东北部有宜兰平原。山脉走向均与断裂构造线一致。

台湾岛和大陆在地质上是连在一起的，但文献上常说它是西太平洋岛弧的一部分。这到底是怎么回事呢？实际上，台湾岛是我国东南沿海－台湾构造域的一部分。中央山脉东翼出露大南澳变质岩，是一套片岩和大理岩，时代为晚古生代到中生代，表明当时东南沿海－台湾地槽连成一片，并经历了多次褶皱变质过程，最终它成为大陆的一部分。中央山脉主脊和西翼，覆盖始新世到中新世早期的海相泥质板岩，沉积物来自大陆。新近纪的浅海沉积分布在西部丘陵区，这时中央山脉主脊没有沉积，可能刚刚露出海面，也就是台湾岛的雏形。新生代西太平洋边缘出现日本、琉球、菲律宾等一系列岛弧，

台湾位于南北两个岛弧－海沟系之间的转换过渡带。菲律宾吕宋弧原来在台湾陆块东南方，并不断向西北旋转移动。在 4000 万年前的上新世，它的北段与台湾碰撞，即所谓“弧陆碰撞”，这部分拼贴在中央山脉东侧，成为台东山脉。台东山脉地质性质与中央山脉截然不同，它的最老地层是中新世安山岩、集块岩和火山沉积岩，上新世为浊积岩和混杂岩。台东纵谷是欧亚大陆板块与太平洋板块的边界一部分，即“缝合线”。这个构造过程属于喜马拉雅运动，由于太平洋板块仰冲的挤压力，使台湾地壳东西向缩短加厚，急剧褶皱隆起，形成了台湾山地及台湾岛。第四纪 250 万年以来，地壳继续褶皱上升，构成台湾岛的现代地形。末次冰期，台湾海峡消失，台湾与大陆相连，冰后期海平面上升，台湾又成为岛屿。现在台湾大部分地区仍然以每年 5 毫米的速度急剧抬升。台湾岛南北与琉球岛弧、菲律宾岛弧连接，形

台湾岛美景

成过程又与岛弧有关,多火山地震,因此说它是西太平洋岛弧的一部分。但它并非典型的岛弧,在洋侧没有海沟,也没有向大陆倾斜的震源带。

由于台湾强烈的地壳运动,因此形成很多地质地貌奇观。台湾嘉义县桃园瀑布高200米. 与其相比,贵州黄果树瀑布也相形逊色。更有台湾瀑布之冠蛟龙瀑布,从1000多米削直绝壁倾泻而下,跌宕四层,宽近100米,最下一层高达500米,确实是难得一见的旷世奇观。还有台北的乌米大瀑布、十分寮瀑布,南投的二女瀑布都各具特色,非常壮观。太鲁谷大峡谷很多断崖也令人惊叹。锥麓大断崖高1600米,是闻名世界的全大理岩断崖。屹立在东海岸的清水大断崖,绵延21千米,高度都在800米以上,气派雄伟,震撼人心。它是由变质岩组成的,质地坚硬,千百年来如一位忠诚卫士守护着海疆。

台湾的历史

台湾省自古以来就是中国的领土。远古时期,台湾省与大陆便有密切的文化渊源。考古证实,在新石器时代,我国远古居民就在大陆与台湾省之间来往。秦汉开始,海峡两岸人民之间的交往频见于史籍。三国时称夷州,隋时称"琉球"。元代在澎湖设巡检司管辖澎湖和台湾省,隶属福建同安县(今厦门)。明代称今台南一带为台湾,后泛称全岛。明天启四年(1624年)和六年(1626年),荷兰和西班牙殖民者分别侵入台湾省。清康熙元年、南明定武十七年(1662年),郑成功收复台湾省,置承天府。清康熙二十三年(1684年)设台湾府,隶属福建省。光绪十一年(1885年)建省。光绪二十一年(1895年)台湾被日本强行割占,1945年日本投降后,由中国政府收回。1949年海峡两岸分割至今,祖国大陆已经成为繁荣昌盛的强大国家,台湾省的经济也取得巨大发展。

台湾岛海岸线长1139千米。台东山脉直逼岸边,发育断层海岸,海底急剧倾斜,离岸约50千米处,海深已达4000米以下。北部有岬湾海岸。基隆海岸有大屯、基隆等火山群分布。台湾海峡水深一般不过百米。西部多沙质海岸,西南部发育潟湖和沙岛,南部有珊瑚礁海岸。

台湾地跨北回归线南北,终年受黑潮影响,属南亚热带和北热带湿润气候,高温、多雨、多风。年平均气温由北而南为21 ~ 25℃,7月平均温度约28℃,1月14 ~ 20℃;

年平均降水量东、中部在2000毫米以上，东北部的火烧寮多达6300毫米以上。西部沿海一带降水较少，多在1500毫米左右。夏、秋季常受热带气旋影响，以7~9月最盛，平均每年有3.5次8级以上热带气旋登陆本岛。祖国宝岛台湾风景优美，有著名的阿里山、日月潭和野柳海岸风光。台湾物产丰富，盛产热带水果，有多种矿藏。

碧海蓝天：海南岛

海南岛为中国一个省级行政区——海南省的主岛。海南省简称琼，位于中国最南端。北以琼州海峡与广东划界，西临北部湾与越南社会主义共和国相对，东北濒南海与台湾岛相望，东南和南边在南海中与菲律宾、文莱和马来西亚为邻。

海南岛的长轴呈东北－西南向，长300余千米，西北－东南向为短轴，长约180千米，面积3.39万平方千米，是中国仅次于台湾岛的第二大岛。海南岛北隔琼州海峡，与雷州半岛相望。琼州海峡宽约20千米，是海南岛和中国大陆间的海上“走廊”，又是北部湾和南海之间的海运通道。由于邻近大陆，加之岛内山势磅礴，五指参天，所以每当天气晴朗、万里无云之时，站在雷州半岛的南部海岸遥望，海南岛便隐约可见。

美丽的海南岛

海南岛气候

海南岛，是一个“四时常花，长夏无冬”的地方，气候条件特殊。海南岛气候属于海洋性热带季风气候，年平均温度在22～26℃，1月份，大部分地区平均温度仍在19℃以上；最热的7月平均温度在28～32℃。年均降水1600毫米以上，其中以8、9月份降雨量最为充沛，时见暴雨出现，也常有台风侵袭。

在海岛的所有地方，都生长着各种热带植物，尤其是椰子树，更是随处可见。海南岛上的椰子树在南、北部有所差异，生长在岛北部的椰子树干较粗而矮，而生长在岛

南部的椰子树则细而高。海南岛的东海岸椰子树生长得比西海岸好些，自文昌县到崖县数百千米的海岸带上，椰林无边无际，郁郁苍苍，十分壮观。尤其是有“椰子之乡”之称的文昌县境内的东郊椰林，是海南岛椰林中的佼佼者。游览东郊椰林，可尽情地领略热带海洋、椰林海滩之迷人风光。

据说椰子的故乡是在马来半岛，它们是怎样迁居海南岛似已难以考证。但是，所有有关史书记载，海南岛上生长椰子树的历史，至少可以追溯到2000多年前的汉朝：“琼州多椰子叶，昔在汉城帝时，赵飞燕立为后，基妹合徒献诸珍中有椰子席，见重于世。”当年宋朝大文学家苏东坡被谪迁海南岛时亦十分喜欢椰子树，还格外喜爱饮椰子汁，曾在诗中对之大加赞赏：“美酒生林不待仪”，意思是说，椰林中有的是天然美酒，不必依赖夏禹时代的酿酒专家仪狄来酿造美酒了。

另外，在崖县三亚镇西24千米，有一处最负盛名的旅游胜地——天涯海角。天涯海角，原名下马岭，南向三亚湾，海滩之上，奇石累累，或成群簇立，或孤石突兀，散布在数千米之长的海滩上。其中有一浑圆巨石上，刻着“天涯”两字，在其旁一块卧石之上，又镌有“海角”两字，构成天涯海角旅游区的主体。二石之左，拔地而起一石柱，大有擎天之势，上刻“南天一柱”四个大字。适逢潮水涨来，海浪拍击礁石，溅起层层雪浪，发出轰轰响声，游人亲临此境，确有到了天之涯、海之角的真切感受。

岛上建筑

中国领土：钓鱼岛

钓鱼岛位于我国东海大陆架边缘，早在明代就明确属于我国。它与琉球群岛(岛弧)之间隔着冲绳海槽(弧后盆地)。

我们伟大祖国神圣领土钓鱼岛，位于我国东海大陆架边缘，距离台湾基隆港东北186千米，距浙江省温州港356千米。而距日本最近的冲绳岛那霸417千米。钓鱼岛实际由钓鱼岛、黄尾屿、赤尾屿、南小岛、北小岛、大北小岛、大南小岛、飞濑岛8个岛礁组成，又称钓鱼台群岛或钓鱼列岛。它们分散于北纬25°43′～26°00′、东经123°25′～124°47′，总面积仅63平方千米，是一群无人居住的小岛，隶属台湾省宜兰县头城镇大溪里。

钓鱼岛是8个小岛中最大的，东西长约3.5千米，南北宽约1.5千米，面积约4.3平方千米。山地横贯东西，地势北缓南陡，最高海拔362米。岛上有山茶、棕榈、马齿苋、仙人掌等植物生长。还有一种海芙蓉草，是防治风湿和高血压的良药。黄尾屿位于钓鱼岛东北20千米，陡岩峭壁，大量海鸟栖居于此。每年4～5月间，海鸟遮天蔽日，故有“鸟岛”之称。该岛还产肥大龙虾。北小岛和南小岛位于钓鱼岛东南。北小岛鸟多；南小岛蛇多。两岛与钓鱼岛之间风平浪静，构成宽达千米的“蛇岛海峡”，成为渔民的天然避风港。赤尾屿位于钓鱼岛东北90千米，亦称赤屿、赤坎屿、赤尾山、赤尾岛、赤尾礁。

钓鱼岛的一部分

古人对钓鱼岛的开发

古时候，钓鱼诸岛就是我国通往琉球船只的航路标志。附近由于黑潮带来了大批鱼群，很早就成为我国重要渔场，浙、闽、台渔民经常到这里捕鱼。沿海还有不少人到这里采药。现在，经过勘探表明，周围海域还蕴藏着大量石油和天然气资源。

从地质上说，钓鱼岛位于东海大陆架边缘，两北侧水深

150～160米，东南侧面临大陆坡，与琉球群岛（岛弧）之间隔着水深2700米左右的冲绳海槽。钓鱼岛出露古近纪沙砾岩，黄尾屿与赤尾屿出露玄武岩等火山岩。在构造上，它们位于台湾－钓鱼岛隆起褶皱带上，是台湾北部海岸山脉的延伸，与琉球群岛完全属于不同的地质构造体系。冲绳海槽是正在扩张的弧后盆地，它把东海大陆架与琉球岛弧分开。因此，中日两国根本不存在日本主张的所谓“共陆架”问题。

从历史上讲，早在明代，琉球就是中国附属国，琉球王均由中国皇帝册封。明永乐元年（1403年）的《顺风相送》一书，就提到了钓鱼岛是我国去琉球航路必经的指标地之一。明嘉靖十三年（1534年）11次册封使陈侃所著《使琉球录》、嘉靖四十一年（1562年）浙江提督胡宗宪编纂的《筹海图编》、清乾隆三十二年（1767年）《坤舆全图》皆标出“钓鱼岛”或“钓鱼台”。显然，钓鱼列岛早归中国所有。

钓鱼岛美景

1874年，日本吞并了琉球。1884年，冲绳有人登上钓鱼岛偷偷捕猎海鸟。1885年后，冲绳县知事多次上书日本政府，要求将钓鱼岛归其管辖，日本政府顾及清政府对这些岛屿的主权而没有答复。

1894年日本挑起甲午战争，中国战败。次年签订《马关条约》，中国被迫把台湾、澎湖及附属岛屿割让给日本，钓鱼岛自然也在其内。

第二次世界大战中，1941年中国对日宣战，宣布废除《马关条约》。1943年，中国、美国、英国三国发表的《开罗宣言》，要求日本无条件投降，剥夺日本自第一次世界大战以来，在太平洋上侵占的一切岛屿，把中国东北、台湾及附属岛屿归还中国。1945年的《波茨坦公告》重申开罗宣言的条件。日本接受公告，无条件投降，台湾及其附属岛屿，包括钓鱼岛回归了祖国。但随后驻日美军却把钓鱼岛作为靶场。

1951年，日本、美国签订《旧金山和约》，将日本冲绳连同我钓鱼诸岛交美国托管。对此，中国政府郑重声明，指出这是非法的、无

效的。

1968年，联合国亚经会指出钓鱼岛附近有大油田，日本企图霸占该岛。1971年，日本、美国签订“归还冲绳协定”，把我钓鱼诸岛也划入“归还区域”。对此，我国外交部强烈谴责美国、日本这一行径。日方马上行动，对周围海域进行石油勘探，将岛上中国标记毁掉，立上日本界碑，称钓鱼岛为“尖阁列岛”，并把8个岛都换成日本名字，划归冲绳县石垣市管辖。

1972年，在中国、日本恢复邦交的谈判中，双方从友好的大局出发，同意将钓鱼列岛归属问题留待以后条件成熟时解决。

1978年，签署中日和平友好条约谈判时，日方某些议员再次提出钓鱼岛主权要求。日本政府顺应右派要求，出动巡逻艇和飞机对我渔民进行监视。1979年，日方在钓鱼岛修建了直升机场，并于1990年修建了灯塔，列于海图，企图让国际社会承认钓鱼岛是日本领土。

日本非法侵占我国钓鱼岛，提出中日之间“共陆架”等种种谬论，制造“钓鱼岛主权”之争，企图永久霸占钓鱼岛，并平分我东海陆架。这是中国政府和人民绝不答应的，钓鱼诸岛的主权一定要回到中国人民自己的手中。

美丽壮观：长山群岛

大连是一座美丽的海滨城市，位于辽东半岛的最南端。不仅气候宜人，夏无酷暑，冬无严寒，而且拥有优良的深水海港。大连以其海滨风景著称，老虎滩、棒槌岛、旅顺口和老铁山风景等闻名遐迩，还有优美而独特的海岛旅游胜地，这就是位于其东侧的长山群岛。

长山群岛位于辽东半岛东南，横跨黄海北部海域，共有岛屿50多个，总面积170余平方千米，有居民居住的岛屿有24个，人口7万。

群岛中面积超出25平方千米的有大长山岛、广鹿岛和石城岛，其中大长山岛面积是25.4平方千米，为长山群岛中第一大岛，是县人民政府所在地。面积在15平方千米左右的有小长山岛、海洋岛和獐子岛。

海洋岛

海洋岛，这个以整个海洋命名的岛屿，坐落在黄海深处，位于辽宁省大连市的东南方。鸟瞰全岛呈马蹄形状。相传在很久以前，有位天神骑着一匹龙马在海上踢跳飞跑。当跑到黄海北部时，一不小心，把一只脚陷进海底，就踩出了个蹄印儿。全岛面积 18 平方千米，人口近 1 万，它是我国北部距离大陆最远的海岛。海洋岛是由 20 多座海拔为 200 多米高的山峰组成的，环绕在一起围成一个 12 千米的马蹄形港湾。它挡住了来自四面八方的风，任凭浪涛汹涌，港内仍水平如镜，渔民称之“太平湾”。

从诸岛屿的地理分布、地质构造和地貌等差异来看，群岛又可分为外长山、里长山和石城列岛三组群岛，外长山群岛包括海洋岛、獐子岛、褡裢岛、大耗子岛、小耗子岛和南坨子，呈东西排列。岛屿由绢云母片岩和石英岩构成。岛上山势高峻挺拔，山高一般在百米以上，海崖弯曲，水深港阔，到处是悬崖峭壁。像面积仅有 18 平方千米的海洋岛中就有 20 余座海拔 200 余米的山峰，其中哭娘顶高达 388 米。

长山群岛含大长山岛和小长山岛、广鹿岛及葫芦岛，也呈东西排列，诸岛屿由石英岩、板岩、千枚岩和片麻岩构成。山势低缓，一般不足百米，山脚下和沿海也分布零星平地。沙岸占诸岛屿海岸的 1/4 左右，滩涂面积广阔，适合各种贝类的养殖。石城列岛位于北部，主要由石城岛、大王家岛、寿龙岛和长坨子岛等组成。长山群岛海蚀地貌发育典型，有大小不等、深浅不同、形状各异的海蚀洞；壮观的海蚀桥在群岛上比比皆是；海蚀柱更是千姿百态。百蚀地貌为长山群岛增添了无限风光，是长山群岛拥有的独特海滩旅游景观。

长山群岛是大陆岛屿，原属中朝古陆，后经断裂作用与辽东半岛分离。群岛所在的大陆架，主要为震旦系和寒武系，X 型断裂非常发育，一组为北东东向，另一组为南东东向，还有一组为北北西向，半岛与群岛之间的里长山海峡，可能就是一条北东东向的深大断裂带。在这种断裂构造控制下，原来地面的岭谷排列成棋盘形。冰后期的海浸，使高起的岭峰成为海岛。海岛周缘受海浪侵蚀，崖壁峭立；而泥沙的堆积，又把邻近的一些小岛连成大岛，如大、小长山岛、石城岛和广鹿岛等。海岛之间的海底，除局部深水道受海流冲刷外，大部分基岩为浅海相的细沙和淤泥所覆盖。

长山群岛地处亚欧大陆和太平洋之间的中纬度，四面临海，具备典型的温带季风气候特点，又因受海洋的调剂，气候温和适中。冬季不冷，夏季不热。全年降水量 640 毫米，无霜期 213 天，是辽宁省无霜期最长的地区。根据海岛的自然

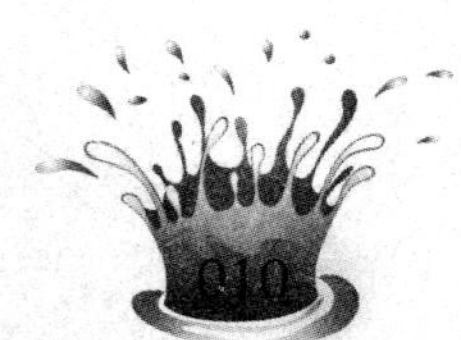

长山群岛美景

条件，海岛人民把群岛的山山水水安排得井然有序。岛上和大小山头全被松、槐柞等树木覆盖；大约海拔 50 米以下是层层梯田，再往下一直延伸到海边则是平整的园田；近海建有人工养殖场。

辽阔的黄海和优越的地理条件为长山群岛发展水产事业提供了有利条件。海底植物繁茂，底质是松软的泥沙，也有各种贝类和鱼类生殖栖息所需要的岩礁。

长山群岛，宛如一颗颗未经雕琢的明珠镶嵌在我国北方沿海中，相信不久的将来，经过开发的长山群岛，必定会放射出更加耀眼的光彩。

海上丝绸之路：西沙群岛

富饶的西沙群岛位于海南岛东南 300 多千米处，是中国南海诸岛四大群岛之一，由永乐群岛和宣德群岛组成。这片大大小小的珊瑚岛屿群自东北向西南伸展，漂浮在 50 多万平方千米的海域上，美丽而纯净。

西沙自古就是中国的领土，古代被称为“千里长沙”，是南海航线的必经之路。早在隋代之时，就已经派使节经南海到过今天的马来西亚，唐代高僧义净亦经此到达印度。古代那些满载着陶瓷、丝绸、香料的商船也都取道此处，因而这里又被称为“海上丝绸之路”。

西沙群岛地处热带中部，属热带季风气候，炎热湿润，但无酷暑。以永兴岛为例，极端年平均气温 26.5℃。年降雨量 1505 毫米。西沙群岛是最易受台风侵袭的地区。西沙群岛的中国海军陆战队女兵岛是我国著名渔场之一。海域宽阔，岛礁星罗棋布，海产十分丰富，珍贵

西沙群岛美景

西沙群岛一角

品种较多，每年吸引大批各地渔民来岛捕捞作业。

宣德群岛

宣德群岛又称东侧群岛，位于东面。群岛中西沙洲、赵述岛、北岛、中岛、南岛、北沙洲、中沙洲和南沙洲，发育在同一个广大弧形礁盘上，永兴岛和石岛发育在南部弧形礁盘上。永兴岛面积 1.85 平方千米，是其中最大的岛屿。石岛最高处为 15.9 米，是最高的岛屿。大多数岛屿地势中间低，四周高。岛上淡水资源缺乏，有薄层鸟粪，灌丛茂盛。岛上为生物碎屑石灰岩，溶洞、海蚀崖、海蚀洞。

令人赞叹不已的是这里独具热带风情特色的岛屿风光：海水清澈幽蓝，以致整个海面看起来就像一块巨大的深蓝色的绸缎在舒展。那造型奇特、陡峭壮观的珊瑚礁林，更是诉说着千万年的风光，有的像仙人指路，有的似雄鸡啼鸣，惟妙惟肖，栩栩如生。

西沙群岛独特的地理位置和气候造就了西沙群岛丰富的动植物资源。永兴岛是一个椭圆形的小岛，椰子树、棕榈树、羊角树、琵琶树、马凤桐、美人蕉构成了永兴岛典型的热带雨林景观。

在西沙永兴岛的西南方，有七个大小不一，形状各异的岛屿连在一起，它们名字叫七连屿。这七个小岛犹如七颗珍珠洒落在浩瀚无垠的海面上，璀璨亮丽。小岛上热带植被茂盛，自然风光独具一格。在蔚蓝的天空下，端坐在洁白绵绵的沙滩上，凭海临风，融入这静谧安详的大自然氛围中，恍惚置身于世外桃源……

这里是个优良的潜水池，在水中可以看到一簇簇的珊瑚像盛开的鲜花一样美丽，有金黄色的鹿角珊瑚、雪白的葵花珊瑚和鲜艳的红珊瑚。五光十色的鱼儿成群结队地游来游去，景象奇异。在小岛上观看日落，更能勾起游人的情趣，红彤彤的晚霞铺满半边天，海水鲜红闪亮，归巢鸟儿的鸣叫声和着轻轻拍岸的涛声传入耳中，汇成美丽的风景画，令人不禁浮想联翩、流连忘返。

西沙群岛上栖息着鸟类40多种，常见的有鲣鸟、乌燕鸥、黑枕燕鸥、大凤头燕鸥和暗喙像眼等。在整个树林的上层及其上空，海鸟成千上万终日盘旋飞翔,千鸣万啭，自成奇观，素称“鸟的天堂”。

西沙群岛是我国主要热带渔场，那里有珊瑚鱼类和大洋性鱼类400余种,是捕捞金枪鱼、马鲛鱼、红鱼、鲣鱼、飞鱼、鲨鱼、石斑鱼的重要渔场。海产品主要有海龟、海参、珍珠、贝类、鲍鱼、海藻等几十种，比较名贵的有海龟之王——棱皮龟，海参之王——梅花参，世界最著名的珍珠——南珠、宝贝、麒麟等十几种。

千岛之市：舟山群岛

四明山、天台山是宁波市的两条山脉，它们向东北方向延伸到海中,即成为舟山群岛,故称舟山为“四明、天台之尾”。

舟山群岛位于长江口以南、杭州湾以东海域，是中国沿海十大群岛之首。在我国行政区划中，舟山市也是唯一的海岛地级市,素有“千岛之市”的美称。

舟山群岛位于我国海岸线中部，杭州湾以东，是长江和东海交通的要冲，地理位置非常重要。这里岛礁众多，星罗棋布，共有大、小岛屿1390多个，约相当于我国海岛总数的20%，分布海域面积2.2万平方千米，陆域面积1371平方千米。其中1平方千米以上的岛屿58个，占该群岛总面积的96.9%。整个群岛呈“南北成行,东西成列”的格局,主要受北北东构造和北西西断裂影响。从南到北成四列，中间是水道。南部大岛较多,海拔较高,排列密集;北部多为小岛,地势较低,分布较散。主要岛屿有舟山岛、岱山岛、衢山岛、泗礁山岛、朱家尖岛、普陀山岛、六横岛、金塘岛等。其中舟山岛最大，面积为502平方千米，为我国第四大岛。

在地质构造上，舟山群岛属于华南地块的浙闽隆起带一部分，地层与浙东沿海地区相同，大多为中生代火山岩,少数为燕山期花岗岩,还有元古代片麻岩、大理岩等。它们与浙东宁波地区的大陆近在咫尺,在地貌上是浙东宁波市四明山和天台山脉向海延伸的余脉。第四纪以来，大海多次进退。舟山群岛时而是大陆的一部分，时而成为岛屿。海退时它们不过是山地与平原之间的一座座孤立山丘。最后一次成为岛屿是大约1万年以来(全新世)海平面上升，海水将一些低地和谷地

舟山群岛

淹没了，它们才形成今天的模样。舟山群岛周围海域，海水正常深度是 15 ~ 50 米。岛屿与大陆之间、岛屿与岛屿的海峡（水道），末次冰期时一般是河谷。被海水淹没后，由于潮流的“狭管效应”，往往侵蚀加深到几十米，有的甚至超过百米。整个群岛属于低山丘陵地貌类型，地势由南向北降低，最高峰在南部的桃花岛对峙山，海拔 544.4 米。潮流与波浪像一个大搬运工一样，把来自长江口的大量泥沙搬运到某些岛屿之间的波影地带沉积下来，把几个岛屿连接起来。岱山岛在 7000 ~ 8000 年前还是 4 个相互靠近的小岛，后来连在了一起。舟山岛、朱家尖、岱山岛周围都有些小岛与大岛合并过。

舟山群岛风光旖旎，气候宜人。这里拥有两个国家海上一级风景区。著名的有“海天佛国”普陀山岛、“海上雁荡”朱家尖岛、“海上蓬莱”岱山岛等。桃花岛上有塔湾金沙、安期峰、大佛岩、海岛植物园以及拍摄《鸦片战争》而仿建的旧定海城等。枸杞岛巨石耸立，摩崖石刻处处可见。黄龙岛上有两块奇石，如同两块元宝落在山崖。诸多海岛层峦叠翠，山上山下美景相连；秀岩嶙峋，奇石林立，异洞处处；山峰云雾笼罩，溪流潺潺，美不胜收。

岛中风柜：澎湖列岛

澎湖列岛坐落于台湾海峡的南部，共有 64 个岛屿，面积约为 127 平方千米，众多岛屿罗列，港湾交错，成为中国东海和南海的天然分界线。澎湖列岛中的岛屿，按位置可分为南、北两个岛群：南岛群在八罩水道以南，有望安岛（八罩岛）、猫屿、东吉屿等，几乎所有岛都是火山岛，组成的岩石都是第四纪玄武岩；北岛群分布在八罩水道以北，包括面积最大的澎湖岛和渔翁岛（西屿）、白沙岛、吉贝屿、鸟屿、姑婆屿等岛屿。

澎湖列岛的年降水量在 1000 毫米以上，多集中在夏季。因为岛上地形比较平坦，没有山川河谷，年

蒸发量达 1800 毫米，所以岛上淡水资源十分缺乏。每年 10 月到第二年 3 月吹拂的东北风，也是澎湖列岛上的另一自然地理特征。东北风时速最高可达每秒三四十米，相当于中等强度的台风，所以冬天的澎湖列岛有如“风柜”一般，强劲的风

澎湖列岛

挟带着海水泡沫，当地人称为“火烧风”，其威力相当于台风，火烧风经过哪里，哪里的树木植物都会被烧焦枯萎。许多商店在这一期间都停止营业。妇女们则以布蒙面，避免风沙吹打。当然，这种澎湖列岛特有的景观，吸引了很多游客特地前来观赏体验。所以，澎湖很早就有“风岛”之名了。澎湖列岛的自然景观非常优美，“风柜涛声”“鲸鱼洞”“望安玄武岩”“虎井沈城”“将军屿帆船石”“桶盘屿石柱”等都是著名景点。

渔业观光是台湾旅游的观赏重点，而澎湖渔港占台湾全省的1／3，大部分居民都以捕鱼为生。环岛海滨帆樯林立，入夜时分，万点渔火，闪烁海面，宛若星汉落地，蔚为奇观。“澎湖渔火”因此被列入台湾八景之一。

第二节　魅力小岛

鸟语花香：海驴岛

海驴岛坐落在山东省成县成山头西北的大海中。这是一个比较独特的小岛，岛上悬崖陡壁，花团锦簇，一群群海鸥往来盘旋其上，隔海望去，整个岛屿状似一只瘦驴卧于海中，所以称为海驴岛。

海驴岛距海岸 1600 余米，面积 1312 平方米。据神话传说，二郎神挑山填海曾行至成山，正行间忽闻东海有驴的叫声，西岸有鸡的鸣声，一惊扁担折断，挑筐随即落入海中，化为两座海岛。从此，人们便称东岛为海驴岛，西岛为鸡鸣岛，两岛之间各有一块耸天而立、高有数丈的石柱，被喻为“扁担石”。虽为神话，但两岛自然形状却与神话十分相配。

海驴岛美景

海驴岛上，山石景色，神奇莫测。经长久的潮水波浪冲击侵蚀，岛的四周岸崖已是满目疮痍，洞孔累累，千奇百怪，各具风韵。大的海蚀洞内可以行舟，小的海蚀洞则仅能容纳数人。粉红色的岩石，层层叠叠，造型生动，可谓步步有景，景景生情，令人心驰神往，回味无穷。

海驴岛是鸟的世界。登上海驴岛，只见岛上海鸥遍地，众多的海

鸥“咕咕”地叫着。由于岛上尚无居民，也没有其他天敌，故海鸥之繁衍越演越烈。有时一大群海鸥同时栖息在一块岩礁上，几乎覆盖了整个岩礁，远远望去，宛如一块洁白的冰山。

海鸥大量繁衍生息在海驴岛，是与岛的自然条件和特殊地理位置分不开的。每当清明过后，即是海鸥产卵时期。产卵后月余开始孵化，这时海鸥很少离窝，即使人们去赶它，它也不愿离开。所以，海驴岛的海鸥，栖息在岛礁岩缝中的多，而飞翔在天空中的少。

鸟总是和花连在一起的。海驴岛不仅是鸟的世界，也是花的王国。据荣成县志记载，在唐代以前，岛上布遍耐冬花。每逢早春，耐冬鲜花盛开，漫山遍野均是花的海洋。因此，海驴岛又有“冬华岛”之美名。

几经沧桑，现在岛上的耐冬花已绝迹，代替它的则是成方连片的山菊花。每逢金秋时节，金黄色的花朵便竞相绽放，远远望去，一片金色，非常优美。

海上公园：马祖列岛

马祖列岛地属福建省连江县，位于闽江口外，距大陆海岸只有数千米之遥，由高登、北竿、南竿、东犬、西犬等岛屿组成，它们犬牙交错地遍布在海上，与大陆一衣带水，隔海相望。列岛面积共 27 平方千米，迤逦绵亘，海域 60 海里，小岛上一片苍苍郁郁，绿树掩映，生机盎然。

马祖列岛具有优美的天然景色，阳光灿烂，海水湛蓝，由于剧烈的造山运动，马祖列岛外缘的褶曲构造特别明显，在景观上表现为山势巍峨，悬崖壁立，遍地奇石怪岩，造型千姿百态，十分生动。山峰云雾缥缈，四周碧海惊波，天空沙鸥翔游，渔帆点点，波光粼粼，不愧为一座名副其实的海上公园。

马祖列岛的主岛南竿港里，渔船处处，桅樯林立，岸上山间民房栉比鳞次，四周绿林重重，一片生机。岛上有诸多风景如画的建筑，如昆明亭、怀古亭、逸仙楼、云台阁等，楼阁筑于翠绿之中，四周林木苍翠，花红似火，环境优美。

马祖列岛的人文景观很多，其中“燕秀潮音”有两处：一处在北竿狮岭，一处在南竿仙洞。前者好像一头狮子，登冈远望，整个台湾海峡的风云变幻尽收眼底，且地多崖石，当海潮涨起时，拍岸冲石，响声轰然；而后者仙洞深不可测，飞浪激岩，回响不绝。

马祖列岛周围的海域

"福澳渔火"一景，颇为迷人。它位于南竿岛的东岸，海天无际，烟波浩瀚。每当夕阳斜辉，渔舟晚归，静泊港池，浩浩荡荡，十分壮观。尤其是夜幕降临，渔火四起，闪烁不定，形同流萤相扑，布满海面，景色动人。

据记载，马祖列岛与我国的民族英雄抗敌事迹，有着很深的渊源。明代的剿倭名将戚继光，即曾派军驻过马祖列岛，建烽火台以报警，监视海面，倭患遂绝。今日东犬岛上还有一块碑石，记载着明代剿倭的事迹。而明末的郑成功，为了抗清，也曾选拔过50名精壮校尉驻防在马祖列岛。别看马祖列岛面积不大，它为保卫祖国还出力不少呢！

鲜为人知：南麂列岛

南麂列岛是一个景色优美而默默无闻的列岛。位于浙江南部的敖江口外，属平阳县管辖，距温州和平阳分别为50海里和30海里，总面积约12平方千米，由31个大小海岛组成，主要岛屿有南麂本岛等。南麂列岛以其丰富的贝藻海洋生物资源，被列为全国首批五个海洋自然保护区之一，亦是东海海域唯一的海洋自然保护区；同时它又以洁净的海水、深邃的港湾、峭立的岬角和奇特的岛礁，成为东海沿岸众多旅游性海岛中的佼佼者。

南麂列岛的海湾不仅数量较多，而且沙平流缓，景色优美，海滩形态上一般呈现狭深状。主要海湾有南麂港湾、国胜岙、马祖岙等。马祖岙在距岸250米之内，沙质滩面，是较好的海浴场所。

大沙岙沙滩浴场被认为是浙沪一带沿海最理想的海滨浴场。大沙岙在南麂本岛的西南部，呈新月形，长达600多米，纵深达300余米。这里金黄色的沙滩纯净松软，湛蓝色的海水常年洁净透明。浴场两旁的岬角深入海中，自然环境幽雅秀丽，浴场淡水充足，滩地宽广，可同时容纳千人游泳。

南麂列岛美景

在南麂列岛的31个海岛中，风景较佳的有23个。主要有南麂本岛、笔架山岛、小破屿及空心屿等。

南麂列岛诸岛屿大小不一，景观各异。每个岛屿，即是一个兼山海奇观的世外桃源、海上仙境。如位于大沙岙口内的虎屿，因其外形如一卧虎而得名。屿上可观奇石怪礁，还可听涛看海。

海礁因其受潮水涨落之故，有明礁、暗礁和干出礁之分。南麂列岛共有60余个海礁景点。

海礁的自然景观是十分独特的。如有一座名叫“别有洞天”的海礁，有着与其名称相当的天然景观。其实，这是一个长形的海礁，位于南麂本岛的南端。由于海浪的长久冲蚀，形成了一个高达30余米、宽约10余米的贯通巨洞，宛若一巨龙穿礁而过留下了这一巨孔，其实，仅仅是一个残留的海蚀穹。

在此海礁四周围的海蚀平台上，遍布礁石，形状各异；平台上面，滩险水急，是听涛、垂钓、观日出的佳处。

在南麂列岛，出露于海中的岩石，具有观赏价值的有很多，这样的岩礁景观约有30多处。如鼓浪洞，是一个有一条2米多长裂缝的凹形礁。每当东南风起，海水冲击此狭小裂缝中，会发出如钟鼓敲击般的美妙涛声。相传当年蒋介石之妻宋美龄十分爱听鼓浪涛声，每逢夏秋之交，东南风起，必登此礁聆听一番。

又如一名叫蜡烛礁的，位于大沙岙口的两侧，海浪冲击，崖体崩落，残留几根石柱，孤立海中，远远望去，宛如支支蜡烛。最长的一支高达18米，有“擎天大柱”之别名。

形成于遥远地质时代的南麂列岛，因其优越的地理位置，拥有了华东沿海难得的天然海岛风景和海洋生物资源，加上尚未被污染和破坏的环境、清新的空气、清澈的海水和清洁的海滩，使人有一种人间仙境的感觉，置身其中，其乐无穷！

风姿绰约：厦门岛

厦门位于闽南九龙江口的厦门岛上，以前是海岛，后来修建集美海堤和杏林海堤后，乃与大陆相连，成为一个半岛。现在火车、汽车、海轮、飞机均可直抵厦门市内，交通十分方便。

厦门岛也叫"海上花园"吗

厦门岛是中国福建省属第四大岛。位于福建沿海西南部，九龙江口外，面积110.60平方千米。从厦门第一峰洪济山顶俯瞰，厦门岛好似一只白鹭伫立于碧波苍雾之中。该岛地处亚热带，属海洋性气候。一年四季花木繁盛，终年不衰，有"海上花园"之称。

自古以来，厦门就是我国东南沿海的海防要地，原属同安县。元、明时期为防倭寇侵扰，在此设立防哨。明洪武二十七年即1394年，在岛上筑城，名为厦门城，意取"大厦之门"，以显其战略地位之重要。清代设厦门厅，1933年设厦门市。

厦门岛美景

厦门港是我国东南沿海的重要港口之一，可泊万吨船只。厦门附近鱼类资源丰富，盛产带鱼、鲳鱼、鲨鱼、墨鱼、海参、对虾、蛏子等，物产丰富。尤其是厦门文昌鱼，驰名中外，是著名的美味佳肴。

厦门是典型的亚热带海洋性气候，冬无严寒，夏无酷暑，全年温差小，气候十分宜人。

厦门一带以花岗岩为主要岩石，故山体多呈浑圆形，山上多怪石奇岩，坡上多花草林木，降水丰沛，山中多流泉飞瀑，依山濒海，山海之景兼有。厦门风景绮丽，名胜古迹数不胜数，其中最具特色和著名的海滨风光点，要数南普陀寺、万石植物园、胡里山炮台、厦门古城遗址、厦门大学等。

南普陀寺在厦门大学旁边，寺中供奉观世音菩萨。与浙江普陀山共奉一佛，因位置在南方，故称南普陀寺。

南普陀寺始建于唐朝，后几经沧桑易名，现存为清代康熙年间重建。寺庙背依五老峰，面临大海，具山海之景，风水极佳。

万石植物园位于万石岩一带而得名。这里早为名胜风景游览区，附近有闻名的厦门八大景之一"虎溪夜月"和小八景的"朝天笏""中岩玉笏""太平石笑"等。20世纪50

年代，建了一个库容 15 万立方米的万石岩水库。60 年代初，辟为植物园，建有标本大楼、花展馆、茶室、仙人球培养场、荫生植物棚，拥有热带、亚热带的花草树木和各种植物品种 4000 多种。“松杉园”为园中之园，长年林木葱郁，不知秋冬。园内山水秀美，一年四季，花香鸟语，潺潺水流，令人流连忘返。

在狮山北坡的最上方，有太平岩。太平岩前洞泉隐伏，流水淙淙。更奇特的是在极乐天摩崖石刻下，有厦门小八景之一的“太平石笑”。此石由四块不同的天然岩石相叠而成，上面两块巨石相互贴合，另一端张开，宛若开口在笑，生动形象。石上题有“石笑”两字。

白鹿洞位于厦门东北玉屏山南，虎溪岩背后。有六合洞、朝天洞、宛在洞等洞景，原有三宝殿和僧舍，相传为朱熹在庐山白鹿洞书院讲学时，曾来过此地，后人为了纪念他就为此起名“白鹿洞”。洞内有白鹿泥塑一尊，因常有烟雾涌出，缕缕可见，所以有“白鹿含烟”之称，为厦门小八景之一。

胡里山炮台是厦门十分著名的历史遗物，位于厦门东南的胡里海滨。这里地势高峻险要，面临大海，视野开阔，与隔海屿仔尾互为犄角，可控制厦门港口，历来为海防要塞。清光绪十七年即 1891 年，福建水师在此筹建炮台。1896 年竣工。炮台内至今尚保存一尊德国克虏伯兵工厂造的大炮，附近墙堡雉堞兵舍都保存完好，是一个比较完整的历史遗迹。

历史名岛：田横岛

在祖国黄海浩瀚辽阔的海面上，碧波万顷之中掩映着一座美丽而又神奇的海岛，它就是历史名岛田横岛。田横岛西距大陆 3 千米，南距青岛码头 68 千米，与著名的崂山风景区隔海相望。

田横岛上的海神娘娘庙

这座海岸线长 8 千米，面积仅为 1.46 平方千米的袖珍型海岛，不仅以其特有的历史文化与人文精神称名于世，其优越的地理位置、宜人的气候特征、旖旎的海岛风貌、丰富的海产资源也使之不负虚名。岛上空气清新，苍松滴翠，温暖湿

润的海洋性气候造就了冬暖夏凉的人间胜境；岛上南北两坡风格迥异，南坡岬湾相间，礁奇水秀，是垂钓的绝好去处，北岸弯深，港静，是游泳、帆船、摩托艇等海上运动项目的极佳场所；田横岛周围的海域是富饶的海上牧场，盛产鲍鱼、扇贝、海带等海产品，为岛内千余口渔民的渔牧生涯提供了丰厚的物质基础。此外，遍布海岛的人文自然景观，人皆成诵的神话传说更使它平添一份神韵。

义士墓

在岛内最高峰田横顶上有一座义士墓，墓周长30米，高约2.5米，是田横岛最著名的历史史迹。今天已变成了海上的旅游胜地，被列为青岛市十大旅游景观之一，随着海岛的进一步开发，田横及500义士的故事将会广为流传，田横岛这颗海上明珠将更加璀璨夺目。

田横岛的得名缘于一桩惊天动地、壮美凄绝的千古传奇。据历史记载，秦朝末年，陈胜、吴广起义，群雄并起，逐鹿中原，刘邦的手下大将韩信带兵攻打齐国，齐王田广被杀，原齐国贵族田横率500将士退居此岛。刘邦称帝以后，多次派特使诏见田横，田横以统一大业为重，说服部下留在岛上，带两位门客前往洛阳，一路风餐露宿，长途跋涉，在公元前202年到达离洛阳30里外的偃师驿站。可到达此处才知刘邦的诏见并没有诚意。田横异常气愤，他面向东方故土，遥拜齐国山河，高唱："大义载天，守信覆地，人生贵适志耳！"于是横刀自刎。岛上500将士闻此噩耗，集体挥刀殉节。世人感叹田横500将士之忠烈，收殓了遗骨，合葬于岛顶，并建了一座庙来纪念，并命名此岛为田横岛。

蛇的天堂：蛇岛

海滨城市大连的西端，有一个西北－东南向的小岛，横卧在海面之上，这就是蛇岛，别看它面积仅仅只有1平方千米左右，却是一个毒蛇横行的世界。

蛇岛的最高处海拔215米，西面和北面都是光秃秃的悬崖和峭壁，岛的东南部分布着四条山沟，草木茂盛，群蛇盘踞，是一个蛇的王国。

发现蛇岛还是在20世纪的30年代，当时因需要在岛上建灯塔，于是派人前往蛇岛勘察。哪知岛上

蛇岛

尽是毒蛇，使勘察人员惊吓万分，逃离蛇岛。从此蛇岛之奇观，公布于世。这个小小的蛇岛上，究竟有多少蛇，至今尚无确切数据。过去有人猜测蛇岛上共有 50 万条蛇，之后又有 30 万条、5 万条、3 万条等种种估计数字。这些数据相差很大，令人存疑。直到 1984 年底，科研人员在蛇岛采用重捕标记法，初步计算得到有关数据，确认蛇岛目前有蝮蛇约 1.2 万条，每年产幼仔 1000 条左右。显然，这一数据较为可靠。尽管前人估计数字偏大，但蛇岛上蝮蛇数量的逐年减少，却是事实。其原因主要是由于人为捕杀而造成的。

据记载，早在 1937 年，日寇侵占大连，曾偷捕蝮蛇约 7000 条，运至台湾。50 年代，曾由于一次军用飞机训练时误投炸弹于蛇岛，致使 1000 余条蝮蛇死于烈焰之中，在 1963 年自然保护区建立之前，当地民众去蛇岛滥捕乱捉蝮蛇的现象也十分严重，有的人一次捕捉蝮蛇竟达 1000 多条！很显然，这样的人为捕杀，严重地破坏了蛇岛上的生态系统。

蛇岛独特的自然环境为蛇类生存提供了良好的条件，也为这里特有的生态平衡提供了基础。蛇岛地处海洋之中，气候温和，雨量适中，岛上多山沟、石缝和岩洞，可供蝮蛇冬眠之用，故十分有利于蛇类的生存、繁衍。

蛇岛上的生态系统亦是十分独特的。许多候鸟在老铁山附近栖息，以备秋末冬初迁徙南方，寻找温暖的环境。于是，蛇岛也就成了大量鸟类栖息的地方。这里的鸟类有黄道眉、柳莺、田鹨、山雀、雨燕等数十种，它们中几乎绝大多数成为蝮蛇的腹中物，甚至于凶猛的雀鹰有时也难逃蝮蛇之罗网。若雀鹰在与蝮蛇搏斗过程中，动作稍有疏忽，即会被蝮蛇咬伤毒死，从空中坠落下来。当然，若雀鹰突然而迅速向蝮蛇进攻，则可将蝮蛇啄死，反而使蛇成为鹰的口中食了。

众多的鸟类来此栖息的原因，是因为这里有着大量的昆虫。有些海鸟也以海滩下的动物为食，如海猫就专门吃鱼、虾、海星、海贝等，而蛇岛的四周礁滩上海星、海胆、海葵、藤壶等附礁而生长着，在退潮时它们会出露在水面之上。

蛇岛之上，还有一种鼠类，名叫褐家鼠，据说是随渔船而到蛇岛上来的，褐家鼠虽然数量不多，但分布甚广，四条沟中均有发现。每当冬季来临，蝮蛇进入冬眠状态，此时，蝮蛇不吃不喝，蜷缩在洞穴之中，昏昏而睡，褐家鼠就趁机猖狂活动，危害蝮蛇。而当冬眠期一过，蝮蛇苏醒过来，有了防身和攻击能力,褐家鼠就不敢轻举妄动了，相反要时时提防蝮蛇的攻击。所以在蛇岛之上，有蛇吃鼠半年，鼠吃蛇半年的说法。

神奇的蛇岛，有着神奇的食物链，维持着小岛上特有的生态系统平衡。

蝮蛇以鸟类为主要食物，观察蝮蛇捕鸟的情形是十分有趣的。可是蝮蛇的听力几乎没有，视力也极差，那么，靠什么来辨认鸟的位置呢？原来在蝮蛇的鼻侧有两个颊窝。颊窝对热度非常敏感，只要四周有千分之几的温度变化，蝮蛇便可凭借颊窝感知出这种变化。颊窝宛若一个热敏探测仪，使得蝮蛇可以极其迅速而准确地测出鸟类的具体方位，从而用嘴噙住鸟类。

从每天早晨6时左右，蝮蛇便开始爬上这里低矮的小树，或爬上裸露的岩石之上。它们贴在枝上，

蛇岛上的蝮蛇

三角形的头部微微上翘，耐心地等待着鸟类的光临。只要小鸟一经飞落在树枝之上，蝮蛇就迅速攻击，小鸟很快就成为蝮蛇的口中食物。这种守株待鸟的方法十分有效。因为蝮蛇具有极好的伪装色，其表皮颜色十分接近树枝或岩石，不仔细辨认是不易区别出来的。小鸟在这种伪装的迷惑下，频频落入圈套之中，成为牺牲品。

蛇岛上为什么有这么多蛇，它们到底是从哪里来的，并且为何得以长期生存下来？

原来，蛇岛上的蛇是从大陆上来的,但不是大陆蛇类渡海过来的，也不是由渔船带至岛上的，而是地质时期海陆变迁的结果。

大约在几亿年以前，海面远比今天海面要高,或者说是大陆太低，辽东半岛与蛇岛连在一起，但均被淹没在海中。到了4亿年以前，这一地区开始成陆，辽东半岛与蛇岛开始逐步露出海面，后来经过数次的地壳运动以及海平面的升降，使得蛇岛饱经沧桑之变。当低海面时，辽东半岛与蛇岛连接一起，蛇可直接游到蛇岛上去;而当海面回升时，蛇岛逐渐与辽东半岛分开，于是蛇岛上的蛇便留在岛上了。虽然几经演变，但蛇岛上的蛇仍没有被大自然的天灾和人为的祸害所灭亡，相反在环境适宜的岛上代代繁衍下来，形成了今天的蛇岛。

第三节　岛屿趣闻

刘公岛上有什么历史遗迹

刘公岛位于山东省威海湾口，距市区旅游码头2.1海里，乘旅游船20分钟便可到达。它面临水云连天的黄海，背接湛蓝的威海湾，素有“不沉的战舰”之称。刘公岛北陡南缓，东西长4.08千米，南北最宽1.5千米，最窄0.06千米，海岸线长14.95千米，面积3.15平方千米，最高处旗顶山海拔153.5米。岛东碧海万顷，烟波浩渺，岛西与市区隔海相望。全岛植被茂密，郁郁葱葱，以黑松为主，多达2700余亩，1985年被命名为国家森林公园。1999年刘公岛被建设部命名为“国家文明风景区”。

刘公岛上的古遗迹

每年吸引40多万游人的历史名岛刘公岛，在明朝万历年间，登州知府陶郎先招居民进岛耕种，并在岛中高峰设墩台，派军戍守。1881年(清光绪七年)，北洋水师在岛上设鱼雷局、屯煤所。1888年，又在岛上设水师学堂、北洋海军提督署和铁码头。至今，岛上依然有清朝北洋水师提督署旧址及水师学堂、民族英雄邓世昌习武、练兵之处，以及旧舰、炮台等重要文物古迹。创建于1985年的中国甲午战争博物馆，是以北洋海军和甲午战争为中心内容的纪念性博物馆，馆址设在刘公岛原北洋海军提督署内，馆名由时任中共中央总书记、国家主席江泽民同志题写。现在，这里已成为青少年爱国主义教育基地。

东山岛人为什么会"崇龟"

东山岛人有一种奇特有趣的崇龟现象，他们把龟当作"福、禄、春、喜、财"的象征。有些人家甚至专门到市场买龟，在龟背刻上姓名、年份等，然后放生，称这为行善积德。

在东山岛有这么一个历史传说：郑成功募兵在东山岛操练水师，准备收复台湾，时逢酷暑，吃水困难。一天，郑成功在海边发现一只爬行的龟，就悄然跟踪到窝边。他从龟喜欢潮湿得到启示，即抽剑插地，命士兵掘井，果得甘泉如涌，后人称此为"万军井"。民间养龟、玩龟之风颇盛。居家喜欢在庭院或天井中养龟，因为龟能吞食蚊蛆，又能预测晴雨。岛上有座被视为海峡两岸文化渊源的祖庙，叫铜陵关帝庙，庙中曾养着一只赤米龟。据说龟龄近百年，每逢气候异变，龟背湿度、颜色皆不同平常，人们称这只能预测天气的龟为"神龟"。

龟之所以受到东山岛人垂青，很可能还因它是我国将它与龙、凤、麟合称"四灵"的缘故，但这"四灵"中有三种是虚拟动物，并不存在，只有龟是唯一与人类关系密切，自然界中活生生的吉祥物。可见，东山岛人对龟并不是无缘无故的爱。

养马岛在哪里

养马岛位于山东省的烟台市牟平区，据说秦始皇东巡时，走到海边，突然看见一座岛上有许多马在奔驰，其神态甚为神俊。秦始皇以为是天赐，于是便封此岛为养马岛，专为秦始皇养马。从那时开始，养马岛上就开始饲养良马。现在养马岛上仍养有很多骏马，并设有跑马场，让游人欣赏海岛天然美景的同时，也能领略到跑马的乐趣。

因受海洋气候调节，这里春冷、夏凉、秋暖、冬温，为避暑胜地。这座风景秀丽的海岛，岛前海面宽阔，风平浪静；岛后礁石嶙峋，惊涛拍岸；岛上丘陵起伏，草木葱茏。东端一片碧水金沙，为优良浴场。养马岛是山东省重点旅游开发区，1991 年被国家定为 84 个旅游景点之一。岛上建有“海底洞天”“海上乐园”“赛马场”等景点。

南海中的“神秘岛”是怎样形成的

同世界很多地方一样，我国的南海也曾有过“神秘岛”。1933 年 4 月，法国“拉纳桑”号考察船来到我国的南海，在南沙群岛海域进行水文测量。在该船的航海日志中记载着他们在南海发现“神秘岛”的怪事：“拉纳桑”号全体船员亲眼见到在第一回驶过的航道上，突然矗立起了一座无名小岛，岛上林木葱茏，水面倒影婆娑。可半个月后当他们再来此处调查时，此岛却踪影全无。对于这个时有时无、出没无常的小岛，大家都莫名其妙，不解真情，只好在航海日志上注明这是一次“集体幻觉”。

海洋学家说，在涨潮的时候，汹涌的海水经常夺去一片片土地，其中一些就形成了真正的小岛，在这些由黏土和泥沙构成的小岛上，生长着大树和小灌木。小岛被大风或海流卷入大海后，碰上海底突出的岩石，小岛就固定下来，但过后不久就又被海水吞没了，此其“神秘”之一。此外，南海中还有许多沙岛，沙岛一般高出海面 3 ~ 5 米，面积最大不会超过 2 平方千米，上面长有树木，形成植被。这些沙洲由于水压的驱赶，会上升露出水面，但有时仅仅几天过后就崩溃消失，此其“神秘”之二。当然，“神秘岛”也有可能是由于浮现在海上的云层所造成的“陆地”假象，1492 年，哥伦布船队在马尾藻海就曾遭到如此“陆地”的捉弄。

不过，可以这样认为，“拉纳桑”号在南海的奇遇并不是什么集体幻觉，而是确有其事的自然现象，只不过这种现象被人为地罩上了一层神秘面纱。

大洲岛为什么被称为“燕窝岛”

大洲岛地处海南省万宁县东南部浩瀚的南海海面上，方圆约 2 平方千米，海拔 289 米，是海南岛沿

海岛屿中面积最大、海拔最高的海岛。当海水低潮位时，该岛便分成南、北两岛。两岛之间由沙滩连接起来，全岛与陆地相距不足4千米。岛上峭壁如削，怪石嶙峋，岩洞众多，幽深万丈。远远望去，犹如一个小巧玲珑的海上盆景。唐宋以来，大洲岛就成为海上航行的天然标志。由于大洲岛独特的地理位置和岩石结构，为金丝燕群栖营巢提供了有利条件。岛上金丝燕成群，盛产燕窝，因此，人们又称该岛为“燕窝岛”。

燕窝是一种叫金丝燕的鸟营造的窝巢，它含有多种氨基酸和蛋白质，营养丰富，药用价值极高。因此，自古以来大洲岛上的燕窝就被人们誉为“东方珍品”“稀世名药”，从明末清初起就作为“贡品”进贡给皇帝享用。

终年定居在大洲岛峭壁缝隙中的金丝燕，主要集中在岛上南罗洞一带。该洞高约200米，入口处上宽下窄，石径弯曲，斗折蛇行。金丝燕就在这阴暗狭窄、缝隙众多的洞穴中成群造巢，所产燕窝为上等的食用燕窝。燕窝之所以珍贵的原因之一是其采摘极难。南罗洞的金丝燕一般筑巢在20～30米高的崖壁上，采窝者常会发生坠崖事故，摔得粉身碎骨。

大洲岛一角

燕窝高昂的经济价值，致使岛上金丝燕难逃无巢繁殖后代，濒临绝种的厄运。据估算，目前在大洲岛上每年仅能采摘到0.5千克左右的燕窝。保护金丝燕，保持大洲岛的生态平衡已成为当务之急。为此，海南省人民政府已经把大洲岛列为金丝燕自然保护区。

你知道吗

南湾岛为什么称为“海中猴国”

从海南陵水县新村港出发，只要渡过一条五六百米宽的海峡，就到了一个长满灌木林的小岛，这就是我国万里海疆上独一无二的猴国——南湾岛自然保护区。南湾岛的面积只有867公顷。过去由于滥捕滥杀，山林被毁，猴子已经到了濒临灭绝的境地。建立自然保护区之后，封山育林，严禁捕猎，现在猴子已恢复到20群、500多只，这里确实称得上是猴子的自由王国。

你知道南海诸岛范围线的来历吗

我国南海诸岛范围线的画法，最早可以追溯到20世纪初。1935年4月，当时的中国政府正式出版了《中国海南各岛屿图》。这是中国政府第一次比较全面、详细地公布我国南海诸岛屿的地理位置。与过去出版的地图不同的是，在4个群岛的外围画有一条长弧圈的范围线，并标绘出最南端是曾母滩，地理坐标是北纬4°、东经112°。这张地图不仅向世界各国表明范围线以内的岛屿属中国版图，还显示了我国在此范围内享有历史性海军权益，也为以后地图出版提供了正式依据。

抗日战争胜利后，中国于1946年11月派内政部、海军部和广东省政府的官员，乘舰前往南中国海，接收南海诸岛，在西沙的永兴岛、南沙的太平岛重建主权碑，重新勘测，绘制详图。1947年，内政部刊印《南海诸岛位置略图》，核定公布了159个岛礁的地理位置。

第二章 举世瞩目的海岛

“数不清天上的星星，数不清海洋里的岛”，老航海家们有这样的话。海洋里的岛就像洒落的珍珠，大大小小地散布在海面上。海洋里的“珍珠”五彩斑斓，奇异多姿。有独立于海面的孤岛，也有连绵不断的群岛。下面就让我们一起领略世界著名海岛的风姿吧！

第一节　海上明珠：孤岛

世界第一大岛：格陵兰岛

这是一个冰雪的王国，千姿百态的冰山、雄伟的冰河、曲折蜿蜒的峡湾、色彩绚丽的北极光，亘古不变的自然美一直眷顾着格陵兰岛。植根于自然与人类生活的文化以及浓郁的民族特色构筑着格陵兰岛独有的魅力。

深海鱼

世界上没有任何一个地方可以像格陵兰岛那样给人们带来冰雪冒险的快乐。人们几乎可以在这里的任何地方体会到冰山的壮观。格陵兰岛位于北美洲东北部，北冰洋和大西洋之间，面积217.56万平方千米，海岸线全长3.5多千米，是地球上最大的岛屿，相当于冰岛面积的20多倍，约为美国面积的1/4。

这块千里冰冻、银装素裹的陆地为何享有这般春意盎然的芳名呢？

格陵兰岛名称的由来

格陵兰在它的官方语言丹麦语的字面意思为“绿色的土地”。关于格陵兰岛名字的来历有这样一个故事。相传古代，大约是公元982年，有一个挪威海盗，他

一个人划着小船，从冰岛出发，打算远渡重洋。朋友都认为他胆子太大了，都为他的安全捏一把汗。后来他在格陵兰岛的南部发现了一块水草地，绿油油的，十分可爱。回到家乡以后，他骄傲地对朋友们说：“我不但平安地回来了，我还发现了一块绿色的大陆。”于是格陵兰便成为了它永久的称呼。

格陵兰岛因为终年只有雪，没有雨，除西南沿海等少数地区无永冻层，有少量树木与绿地之外，格陵兰岛可说是冰雪的王国。站在格陵兰岛你会有十足的“千里冰封，万里雪飘”之感。全岛85%的地面覆盖着道道冰川与厚重的冰山。千姿百态的冰山与冰川成为格陵兰的奇景，对着它们展开丰富的联想，你会觉得自己一会儿置身于剑拔弩张的古战场，一会又到了万马奔腾的原野。格陵兰岛的冰块内含有大量气泡，放入水中，会发出持续的爆裂声，是一种非常好的冷饮剂，人们将其称为“万年冰”。这种冰既洁净，纯度又高，在炎热的夏日喝上一口“万年冰”是种难得的享受。格陵兰盛产“万年冰”，冰层平均厚度为2300米，雄伟壮观，是现代仅次于南极洲的巨大的大陆冰川。

色彩绚丽的北极光

同时，因为格陵兰岛大部分处于北极圈内，所以还会出现极地特有的极昼和极夜现象。越接近高纬度，一年中的极昼和极夜就越长。每到冬季，便有持续数个月的极夜，格陵兰上空偶尔会出现色彩绚丽的北极光，它时而如五彩缤纷的焰火喷射天空；时而如手执彩绸的仙女翩翩起舞，给格陵兰的夜空带来无限生气。而在夏季，则终日头顶艳阳，格陵兰成为日不落岛。这种极地才有的特殊现象也吸引了无数的人来到这里旅游。

格陵兰岛还是一个动物的天堂。东部海岸多年来堵满了难以逾越的冰块，因为那里的自然条件极为恶劣，交通也很不便，所以人迹罕至。这就使这一辽阔的区域成为北极的一些濒危植物、鸟类和兽类的天然

避难所。岛上的植物非常稀少，绝大部分地区寸草不生，只是在气候较温和湿润的西部和南部生长着一些极低等的植物如地衣、苔藓等。在东南部的一些深山峡谷中，有少量的灌木丛和草地可供因纽特人放牧。南部的一个深谷中生长着寥寥无几、高不过四五米的白桦树和柳树，被称为格陵兰唯一的"森林"。

欧洲第一大岛：大不列颠岛

大不列颠岛东南隔英吉利海峡和多佛尔海峡与欧洲大陆相望，西隔北海峡、爱尔兰海和圣乔治海峡与爱尔兰岛相对，是不列颠群岛的主岛之一，是英国领土的主要组成部分，英国四大区中的三个——英格兰、苏格兰和威尔士位于该岛上。

英格兰一角

你知道吗

大不列颠岛的领土

英格兰位于大不列颠岛的西南方，苏格兰以南、威尔士以东，是英国面积最大、人口最多、经济最发达的一部分，历史上苏格兰以哈德里安城墙为界。大不列颠岛是不列颠群岛中的第一大岛屿，周围环绕着超过1000座小型岛屿，该岛全境目前都为联合王国领土。

大不列颠岛在地质上属中欧－西欧古褶皱断块山地的一部分，曾与欧洲大陆相连，第四纪冰期后海面上升才与大陆分离。地形的总趋势是西北高、东南低。苏格兰、威尔士和英格兰的西部为西北高地区，久经剥蚀，海拔多为500米以下的低山和低高原，受古冰川作用强烈影响，多冰斗、冰槽谷、冰碛丘和冰川湖，北部苏格兰大部是高原和山地，格兰扁山脉的主峰本内维斯山海拔1344米，为全岛最高峰。苏格兰北部地势起伏较大，山顶浑圆，谷地深切成U形。南部起伏较缓，低山和宽谷相间，中部是宽约50千米的巨大断层谷地，是苏格兰主要农业地带。英格兰北部的奔宁山脉纵贯南北，被称为"英格兰脊骨"，

大不列颠岛美景

延伸200余千米，海拔200 ~ 500米。有一系列横切山脉的河谷连接东西交通。英格兰东南部为东南低地区。丘陵、断崖、谷地和平原相间，海拔均在200米以下，地表起伏和缓。

海岸曲折，多深入陆地的海湾。苏格兰西部海岸尤为曲折。近海大陆架广阔，富渔业和油、气资源。

该岛地处北纬50° ~ 60°，受北大西洋暖流等的影响，冬暖夏凉，全年湿润。1月平均气温3 ~ 7℃，7月13 ~ 17℃。冬季气温西部高于东部，夏季南部高于北部，年平均降水量600 ~ 1500毫米。西部多于东部。苏格兰西北部达1500毫米。

新西兰最大的岛屿：新西兰南岛

新西兰南岛是新西兰最大的岛屿。南岛风光优美、景点众多，素以旅游资源丰富而闻名于世。

阿斯派灵山国家公园位于新西兰南岛中西部，该园地跨新西兰南阿尔卑斯山广大地区，南邻峡湾国家公园，北以哈斯特河为界。境内有冰川、山脉、峡谷、瀑布、山口，是几条主要河流的源头。大部分森林没有开发，以控制水土流失。

新西兰南岛

达尼丁景区位于新西兰南岛东南部狭长的奥塔哥港区顶端。这里依山傍水、气候宜人，没有严寒和酷暑，夏天是这里一年中最好的季节。皇后镇、瓦纳卡湖和南部山脉的米尔福德峡湾位于达尼丁背后的群山之中。达尼丁是奥塔哥省的首府，新西兰南岛第二大城市。整座城市建筑为典型的苏格兰风格，被喻为“苏格兰以外最像苏格兰”的外国城市。

斯图尔特岛是新西兰三座主要岛屿中最小的一座，该岛位于新西兰南岛以南 32 千米的南太平洋中，隔福沃海峡与南岛相望。这座岛屿以其天然粗犷的“原始线条”吸引着人们的目光。斯图尔特岛上原始的森林和未受破坏的海岸线，能让游人产生离群索居，遗世独立的苍茫之感。

库克峰国家公园一角

占地 2.6 万平方千米的德·瓦比波那姆位于新西兰南岛西南部。在其境内主要有四个风景区，即峡湾国家公园、韦斯特兰国家公园、库克峰国家公园和阿斯派灵山国家公园。

峡湾国家公园状如其名，拥有锯齿形的海岸，峡湾众多。这里曾经是高原，长期风雨冰雪的侵蚀，使得这里的地貌发生了巨大的变化，似乎是有一双神奇的手，将崇山峻岭、绝壁断崖、河川湖泊和海湾峡地胡乱地堆在了一起。高山园林和海滨峡地是这里的一大特色。褐鸡是这里的一大特产。褐鸡是一种毛呈褐色的鸡，它的喙是紫红色的。如今，仅存 170 余只。企鹅和海狗也是这里常见的动物。除此之外，还有一种黑色和绛紫色的陆贝，它们是蜗牛的祖先。

库克峰国家公园内山峰林立，其中海拔 3000 米以上的山峰有 14 座，海拔 2000 米以上的山峰多达 140 座。雄踞其间的是海拔 3764 米的库克山，它既是新西兰最高峰，也是大洋洲第二高峰，号称“新西兰屋脊”。毛利人将此山称为“奥伦基山”，毛利语是“破云山”之意。库克峰公园内有许多湖泊，这里有呈深赭石色的冰蚀湖、有清澈翠绿的雨水湖，青山叠翠、碧水如玉、

风光无限。雪线以下是茂密的森林，那里是大鹦鹉、鹰、野猫和羚羊等动物生活的天堂。

上帝的礼物：纽芬兰岛

纽芬兰岛是北美大陆东海岸的大西洋岛屿。西控圣劳伦斯湾口，北隔贝尔岛海峡与拉布拉多半岛相望，西南与布雷顿角岛隔以卡伯特海峡，南有法属圣皮埃尔和密克隆群岛。

纽芬兰岛主体为海拔 300 米左右的低高原，岩石裸露，湖泊、沼泽星罗棋布。长岭山脉呈东北－西南走向沿西海岸延伸，海拔 600 米上下，最高点为西南部海拔 814 米的刘易斯希尔斯山。除西部狭长的沿海平原外，高原地势向东北倾斜，主要河流亦从东北注入大西洋。地势较低的东部为主要耕作区。海岸十分曲折，多 60 米以上的悬崖和海湾、岛屿。

与 12 亿年形成的大自然景观相辅相成的是纽芬兰近 5000 年的人文景观。早在哥伦布发现美洲大陆之前，纽芬兰就已经是欧洲人探索新大陆的门户。纽芬兰曾经是一个独立的国家，在 1949 年通过公民投票决定加入加拿大联邦。这一决定使它成为加拿大最年轻的一个省份，同时也给加拿大带来了北美新大陆最悠久的历史。

位于纽芬兰岛西海岸的格罗斯莫国家公园集纽芬兰大自然的壮美于一体。这里奇特的地形地貌有力地证实了地球大陆板块漂移学说，为国际地质学界提供了难得的科学依据和教材，也为人们展示了瑰丽的地球奇观。它是地质、考古和生物学家、野外旅行者、大自然爱好者和摄影发烧友的理想目的地。

纽芬兰岛面积 40 万平方千米，仅有居民 50 万人，加之该岛为世界四大著名渔场之一，数千千米长的海岸线布满星罗棋布的渔村。由于远离现代工业的污染及破坏，纽芬兰岛迷人的自然美景令无数人心旷神怡。纽芬兰省政府更是在过去的十多年里不断投资，大力发展该省旅游业，兴建了不少基础设施。

纽芬兰西部景色尤为秀美。香

晨光下的鹰湖

纽芬兰岛自然景观

柏河谷就位于加拿大纽芬兰省西部，此谷一片原野景色，野生动物栖息其间，空气清新怡人，河水干净清澈。香柏河流经其间，河水注入一个20千米长的淡水湖泊——美丽的鹿湖，

美丽的鹿湖

然后流入大西洋。

避暑天堂：阿卡迪亚岛

阿长迪亚岛位于美国东部缅因州海岸，附近的阿卡迪亚岛是5亿年来地质运动的结果：火山爆发喷出的岩浆被海水冷却，塑造了阿卡迪亚岛的雏形。后来，冰川时期的冰河在岛上奔流，重新塑造了阿卡迪亚岛，形成了美国东部独特的海湾——桑斯桑德海湾。

1604年，法国探险家萨缪尔·查

普兰率领的探险船队在阿卡迪亚岛的浅滩搁浅，大雾遮蔽了他的视野，整个岛屿笼罩在朦胧之中，他把这座岛屿命名为“秃山”。1759年，欧洲人开始在岛上定居。19世纪初，美国艺术家汤姆斯·科勒和弗里德里克·切奇先后来到此岛寻找创作灵感，他们被这里的原始纯朴深深打动，创作了一批风景画。随后，阿卡迪亚岛声名远播，逐渐成为美国富裕工业家们的避暑胜地，洛克菲勒、卡内基、福特和摩根家族都在这里建造了豪华的别墅。

1913年，一个名叫乔治·B.多尔的人向美国联邦政府捐赠了将近2.4平方千米的岛上土地，以便大众能欣赏到这些土地上的美丽景色，并使这些土地上的景物能够得到保护。洛克菲勒家族随后也捐献了4.45平方千米的岛上土地。1919年，美国总统威尔逊签署法案确定在这些捐赠土地上成立拉斐特国家公园——这是密西西比河以东的第一个国家公园。1929年，公园改名为“阿卡迪亚”。

黄昏的阿卡迪亚岛

现在，阿卡迪亚国家公园的面积有16平方千米，包括许多岛屿。起伏的山脉是阿卡迪亚岛最主要的地理特征。岛上草木丛生，山势成斜坡状向下插入海洋。阿卡迪亚岛海湾聚集了丰富的海洋动物资源，包括藻类、海螺、鲸鱼和龙虾等各种海洋生物。海洋学家常年在这里观察海豚、海豹和海鸟的生活习性。长年不散的烟雾经常使海上一片模糊，船只的航行变得十分危险。阿卡迪亚岛海边矗立着5座灯塔，它们至今还在发挥作用。

卡迪拉克山脉是阿卡迪亚岛东海岸的一个奇特景观。它以发现底特律的法国探险者卡迪拉克命名。由于1947年的火灾，岛上4平方千米不同的植被被烧毁，后来重新长出的云杉和冷杉更显蓬勃。阳光斑驳，从树林的空隙泻下，充满了浓浓的诗意。游客可以骑自行车沿着洛克菲勒家族修建的道路深入森林探险，中途还可以领略约旦池塘、鹰湖的美丽原始景色。静静的森林里，海狸在蜿蜒的小河上筑坝建巢，忙忙碌碌。游客爬上萨格特峰或派诺斯各特山还可以看到法国人海湾和桑斯桑德海湾令人惊叹的壮丽景观。

世界最大的沙岛：弗雷泽岛

弗雷泽岛是澳大利亚昆士兰州东南海岸外的一座岛屿，与马里伯勒港隔着赫维湾和大桑迪海峡相望。弗雷泽岛形状如同一只破烂的长筒靴，岛长124千米，全岛面积约1620平方千米，是世界上最大的沙岛。

弗雷泽岛四周是金黄色的沙滩和沙丘，沙丘高度达海拔240米。有些地方耸立着红色、黄色和棕色相间的砂石悬崖，还有被风浪冲刷成的塔形锥状岩柱。在沙滩和悬崖后面生长着种类繁多的植物，形成一片茂密的森林。喜欢潮湿的棕榈树和千层树生长在有积水的地方。另一些地方长着柏树、高大的桉树、成排的昆士兰洋杉以及在19世纪时非常珍贵的考里松。这里是世界上唯一在海拔超过200米的沙丘上发现生长有高雨林的地区。

弗雷泽岛

你知道吗

弗雷泽岛名字的由来

弗雷泽岛名字来自于一位名叫弗雷泽的妇女的奇特经历。1836年，一批欧洲人因船只失事，乘救生船登上此岛，其中有船长及其妻子弗雷泽。两个月后，救援人员才到达此处，但是已有几个人丧生，其中包括船长。弗雷泽宣称，她丈夫是被岛上的土著布查布拉人杀害的。后来，她在伦敦海德公园搭起帐篷，不无夸张地向公众讲述她在岛上经历的可怕故事，每讲一次还向听众索取6便士。她绘声绘色地叙述她如何被长矛刺伤和百般拷打，叙述船员如何被放在火上活活烤死。后来，她的经历成为一部电影和几本小说的主题。弗雷泽岛不仅以她的名字命名，而且闻名于世。

岛上的年降雨量可达1500毫米，这大大促进了沙丘植物的兴衰循环。这里是世界上仅有的几处澳大利亚椴木生长地之一，这种树的树干在20世纪20年代曾用来铺砌

苏伊士运河的河岸。在长满欧石楠的地方白色桉树最多，这种树得名于蛀木虫在其树皮上所做的记号。

弗雷泽岛的森林和灌木丛中有几十个湖泊。尽管岛是由沙构成的，却不太容易渗水。在岛的低处，沙子和腐殖质及矿物质黏结在一起，形成不漏水的凹盆，将雨水积蓄起来，因此，到处可以看到一些清澈的小湖，叫“沙丘湖”。例如瓦比湖，湖的三面是森林密布的沙丘，一面是大沙墙，由于海风的吹卷，沙墙不断向湖里推进。世界上 80 多个位于高处的沙丘湖，有半数以上在弗雷泽岛上。这些整齐排列的沙丘湖不仅在数量上，就是从其形成过程来说，也是世间罕有的。弗雷泽岛上的湖由于纯净度高、酸性强、营养含量低而鲜见鱼类和其他水生生物。但一些蛙类却非常适应这种环境，特别是一种被称为“酸蛙”的动物，它们能够忍受湖中以及沼泽地中的酸性环境而悠闲生活。

弗雷泽岛上的小湖和溪流是野生动物的饮水水源，这些野生动物包括澳大利亚野马，它们是运木材的挽马及骑兵军马的后裔。一种很小的昆士兰花蝙蝠可算是土生动物，它们的体重只有约 15 克。弗雷泽岛还是观鸟天堂，鹈鹕、海雕和短尾鹦鹉等都可在岛上见到。

弗雷泽岛美景

弗雷泽岛的环境很容易受到人和自然界的破坏。大片流沙不断侵蚀植被，游客使用的肥皂和洗涤剂也污染了沙丘湖的湖水，使藻类大量繁殖，对鱼类、鸟类及两栖动物构成了威胁。为了对其进行有效保护，1971 年，澳大利亚政府将全岛的 1/4 辟为国家公园，1976 年又将公园扩大到全岛的 1/3，同时还将其定名为“大沙岛”。

在弗雷泽岛上还能看见葵花凤头鹦鹉。葵花凤头鹦鹉也叫葵花鹦鹉、黄巴旦等，产于澳大利亚北部、东部及东南部至昆士兰岛西部、新几内亚及北部、东部岛屿等地。葵花凤头鹦鹉体长 40 ~ 50 厘米。体羽主要为白色。头顶有黄色冠羽，在受到外界干扰时，冠羽便呈扇状竖立起来，就像一朵盛开的葵花，因此得名。耳覆羽、颊部、喉部、飞羽和尾羽沾有黄色。虹膜为暗褐色或红褐色。嘴呈暗灰色。腿、脚呈暗灰色。野生的葵花凤头鹦鹉常常栖息于平原、沼泽等附近的树林

中，喜欢结群活动。鸣声响亮，善于用脚和嘴在树上攀缘，经常一只脚抓住树枝站立，另一只脚将握住的食物送入嘴中，它的脚趾非常灵活，葵花凤头鹦鹉十分善于长距离飞行。主要以植物种子、坚果、浆果、嫩芽、嫩枝为食。繁殖期在澳大利亚南部为8月至翌年1月，在澳大利亚北部则为5～9月。筑巢于靠近水源的大树上或岩洞里。每窝产卵2～3枚，孵化期为28天，由雄鸟和雌鸟共同孵化和育雏，育雏期为70天左右。寿命一般为40年，也有的活到60～80年的。

葵花凤头鹦鹉

希望之岛：苏门答腊岛

苏门答腊岛为马来群岛的第二大岛，印度尼西亚的最大岛屿。呈西北－东南走向，长1790千米，最宽处约435千米，面积43.4万平方千米，是世界第六大岛，第五高岛。东北的马六甲海峡和南侧的巽他海峡是1986年美国海军宣布要控制的全球16个海上航道咽喉，战略地位十分重要。

岛的西南部是构造复杂的巴里桑山，西北－东南走向，绵延1700千米。断层、火山和地震活动频繁，共有火山90多座，其中活火山12座。葛林芝火山海拔3805米，为全岛最高峰。山脉西坡陡峻，沿海平原狭窄而不连贯。东坡和缓，山麓

苏门答腊岛的热带雨林

地带轻微褶皱的沉积岩含优质石油和煤，自北向南有三大油田带。东北部海拔仅30米的广大冲积平原，宽100多千米，沿海地区广布沼泽，南北绵延约1000千米，有些地区深入内陆达240千米，面积约15万平方千米，是东南亚最大的沼泽地带。这里河流众多。西南坡河流短小湍急，东北坡河流较长，坡度平缓，三角洲广大。主要河流有：穆西河、因德拉吉里河、甘巴河、罗干河等，均能通航。

你知道吗

苏门答腊岛的传说

苏门答腊岛又称“美南卡巴岛”，意即“水牛的胜利”。关于这个名称的由来，还有一段有趣的故事。距今1500年前，爪哇和马来亚之间因苏门答腊岛的归属问题发生了纠纷，为了避免流血冲突，双方想出了一个奇妙的办法：双方各选出一头足以代表本方的水牛，让它们角斗，以其胜负来决定苏门答腊岛的归属。苏门答腊岛从此获得了“美南卡巴岛”的名称。现在印度尼西亚还流传着斗牛的习俗。

苏门答腊岛地处南北纬6°之间，赤道横贯中部。沿海低地（巴东）

油棕果

年平均气温26.1℃，山区（武吉丁宜海拔1067米处）平均气温20.6℃。各地降水量有明显差异，西海岸年平均降水量3000毫米，山区可达4500～6000毫米，东坡至沿海平原1500～1700毫米。森林覆盖率60%，多为热带雨林。沿海沼泽区有广大的沼泽泥炭林，沿海有红树林。北端有热带稀树草原。这里矿藏丰富，是印度尼西亚最大的石油、天然气储集区，其他矿藏还有锡、煤、金、铁、铜、锰、钨、锑、钴等。该岛种植稻谷，经济作物有橡胶、油棕、烟草、胡椒、椰子、剑麻、咖啡、茶叶；工业有炼油、采矿、机械、化工、食品加工等。

北非伊甸园：杰尔巴岛

杰尔巴岛位于突尼斯梅德宁省东部地中海加贝斯湾东南部，长27千米，宽26千米，环岛沙滩长128

千米，全岛面积约510平方千米，从陆地到岛上距离约2000米。

杰尔巴岛属亚热带地中海型气候，日照时间长，气温高于突尼斯其他地区，冬季最低气温也在15℃以上。

杰尔巴岛是北非最大的岛屿，有着“北非伊甸园”之称，被誉为绿洲岛。全岛地势比较平坦，最高处海拔不超过56米。岛上有一个湖，与外海之间有一条狭窄的运河相通。在古罗马时期岛上修建了一条7000米的海堤，从陆地一直通到岛上。

杰尔巴岛首先让人难忘的是它的自然风光。微风中的大海荡起层层涟漪，好像抖开了一匹蓝色的绸缎；棕榈树的枝叶间透过点点阳光，落在沙滩上仿佛遍地金屑；城镇中普通民居白墙蓝窗，院墙上绽放着鲜艳的花朵。在海滨大道和每一条古老的小巷里，都让人们从海风和阳光里嗅到了宁静安详的味道。来这里度假的人都喜欢躺在柔软的沙滩上，或者在沙滩上漫步，在海风和阳光中欣赏细细的沙滩、蓝蓝的海水、点点的船帆、片片的棕榈，宛如梦乡中的一幅风景画。如果你爱动，海滩上的各种娱乐项目会让你玩个痛快：骑马、骑骆驼、快艇、水上摩托车、冲浪板、拖拽伞、帆板等等，有的新鲜，有的刺激，所有的一切都松弛着游客们紧张的神经。

杰尔巴岛自然风光

其次，让人难忘的是这里的风俗民情。岛上的居民过着自给自足的生活，自家的院子里都打有一口深井，当地人吆喝着骆驼走近水井，水桶便落入水中，然后让骆驼转身往回走，一桶水就提了上来。提上来的水用来灌溉园子里的蔬菜，菜园中的豌豆、香菜、大葱、黄瓜等，层叠错落，颇具艺术性。

杰尔巴岛上的居民不仅忙于耕种，还喜欢在小作坊里忙碌，而这个时候，他们一个个都成了“民间艺术家”。在制造陶器的小作坊里，从塑泥胚，到上色、烘干、烧制，一切都遵循着最原始的工艺，烧制出来的成品图案古朴、色彩鲜艳，很是与众不同。而在编织毯子的小作坊里，也是靠手工操作，工人们编织出来的毯子鲜艳而雅致、别有风味。

加里曼丹岛风景

世界第三大岛：加里曼丹岛

加里曼丹岛马来语称婆罗洲，地处马来群岛中部，东亚至北印度洋、南亚至大洋洲的十字路口，地位重要。面积 73.4 万平方千米，仅次于格陵兰岛和新几内亚岛，是世界第三大岛，也是世界第三高岛。略呈东北－西南走向的阶梯，上底在东北，长约 350 千米，下底在西南，长约 890 千米，西北和东南的斜边长约 1200 千米。

加里曼丹岛为大陆岛。山脉从中部向四周伸展，东北部较高，有东南亚最高峰基纳巴卢山，海拔 4101 米。主要为老年型地形，起伏和缓。土壤比较贫瘠。河流从中部向四周分流入海。拥有东南亚最长的几条河流：向西注入卡里马塔海峡的卡普阿斯河 (11.50 千米)；向南注入爪哇海的巴里托河 (900 千米)；向东南注入望加锡海峡的马哈坎河 (770 千米)；向西北注入南海的拉让河 (592 千米) 等。河流上游水力资源丰富，中下游广布沼泽，河口三角洲汊流交织成网，中下游均能通航。森林覆盖率达 80%，为仅次于亚马孙河流域的世界热带雨林区。树木种类达 300 多种，出产婆罗洲铁木、红木、贝壳杉、树脂、藤条等。林中有长臂猿、猩猩、云豹、野猪等动物。矿藏有煤、石油、铝土、铁、锰、铬、钼、铜、铅、锌、金、铂、金刚石、锑、铋、砷、汞、高岭土和重晶石等。金刚石储量约为 150 万克拉，居亚洲首位。已开采的矿藏主要是石油，主产区在北部的马来西亚和文莱，东部印度尼西亚沿

贝壳杉

海的巴厘巴板、打拉根，为东南亚重要的产油区。农产品有橡胶、胡椒、西谷、椰子、稻米。胡椒产量在东南亚具重要地位。

终年高温多雨。11 月至翌年 3 月多东北风，6~10 月多西南风。年平均气温：平原 25 ~ 30 ℃，山区 22 ~ 28 ℃。年平均降水量 2000 ~ 2500 毫米。

加里曼丹岛分属三个国家领土。

(1) 北部沙捞越和沙巴地区属马来西亚。原属文莱苏丹国，1888 年沦为英国保护国。第二次世界大战期间被日本占领。日本投降后，英国恢复殖民统治。1957 年，马来西亚与新加坡、沙捞越、沙巴多次协商，于 1963 年合并组成马来西亚 (1965 年新加坡退出)。沙捞越是马来西亚最大的州，面积 12.44 万平方千米，人口约 165 万，首府古晋。西部为平原，内陆为森林覆盖的丘陵和山地。东部为伊兰山脉，海拔多在 2000 米左右。开采石油、天然气、金、铝土矿，沿海富水产。主要港口有古晋、米里等。沙巴是马来西亚最东部的一个州，面积 7.37 万平方千米，人口约 173.7 万。首府哥打基纳巴卢。西部也是平原，是主要农业区。东部的克罗克山脉是伊兰山脉的延伸部分，基纳巴卢山就位于它的东北端。有铬、铁、铜、金、银等矿藏，沿海富水产。生产稻米、西谷、咖啡、橡胶、椰子、可可。多天然良港。主要港口有哥打基纳巴卢、山打根、斗湖等。

山打根港口民居

巴厘巴板美景

(2) 文莱位于加里曼丹岛北岸中部。北临南海，南接沙捞越，东邻沙巴。陆地被分割成东西两块。面积 5765 平方千米。人口约 28.1 万。首都斯里巴加湾市，也是港口城市。陆地大部分为冲积平原，内陆有丘陵。东南国界上的巴干山海拔 1850 米，为全国最高峰。赤道雨林气候，月平均温度 25 ～ 30℃，年平均降水量 2500 ～ 5000 毫米。森林覆盖率约 79%。15 世纪建苏丹国。1888 年沦为英国保护国。1941 ～ 1945 年被日本占领。1946 年复为英国保护国。1971 年内部独立，1984 年正式独立。石油、天然气资源丰富。石油储量、产量均居东南亚第三位。有石油化工、化肥、木材、造纸等工业。农业产稻米、椰子、香蕉等。输出石油、液化天然气、橡胶、木材、樟脑等。人均收入居世界前列。

(3) 加里曼丹岛南部大部分为印度尼西亚领土，属东、南、中、西加里曼丹四省。北部为山区。河流众多，下游为平原和河口三角洲。矿产和热带经济作物丰富。东部巴厘巴板至打拉根是印度尼西亚主要产油区之一。主要城市有：坤甸（庞提纳克），西加里曼丹省首府，人口约 40 万，是重要港口，有造船、棕榈油、橡胶、蔗糖加工等工业；马辰（班贯尔马辛），南加里曼丹省首府，人口约 48 万，为印度尼西亚在加里曼丹岛上的最大城市。工业有橡胶加工、油脂、金刚石加工、采煤、

木材、造船等；三马林达，东加里曼丹省首府，人口约34万，是海、河转运港，有造船工业，是石油、煤、农林产品集散地；巴厘巴板，人口约31万，重要石油城和港口，有大型炼油厂；打拉根，深水港，也是重要石油输出港。

动植物的伊甸园：新几内亚岛

这里是世界鳄鱼之都，这里有世界上最漂亮的袋鼠，已经灭绝了的极乐鸟在这里“复活”，这里的语言多达700多种。这就是新几内亚岛。

新几内亚岛位于西太平洋的赤道南侧，全岛多山，海拔多在4000米以上。查亚峰5030米，为大洋洲最高点。岛以东经141°为界，东半部为大洋洲的巴布亚新几内亚，西半部称伊里安查亚或西伊里安，是亚洲国家印度尼西亚的领土。

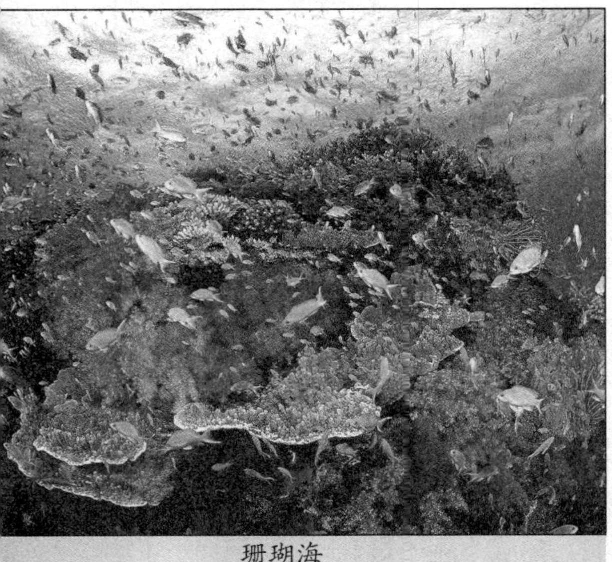

珊瑚海

新几内亚岛亦称伊里安岛或巴布亚岛。它位于澳大利亚大陆之北，西南临阿拉弗拉海，南隔托雷斯海峡与约克角半岛相望，东南端伸入珊瑚海，地理位置十分重要。新几内亚岛东西长约2400千米，南北最宽处约700千米，面积78.5万平方千米，是仅次于格陵兰岛的世界第二大岛。新几内亚岛是典型的大陆岛。在地质史上的近期，它与澳大利亚大陆相连；第三纪末期，因地壳下沉才同大陆分开。

新几内亚岛属新生代构造区，地壳不稳定。全岛地形呈横向排列。由北向南分为四带：北部山脉(也称海岸山脉)是一断层山，非常陡峭，海拔高约600米，东南端有4000米以上的山峰。由于受到河流剧烈的切割，山脉断断续续。北部山间低地位于北部山脉和中央山脉之间，包括塞皮克河、曼贝腊莫河等宽阔河谷，这里多河曲、湖泊和沼泽。中央山脉从西北向东南斜贯全境，山地大部分海拔高于4000米，属新期褶皱山地。西段山脉海拔高度大，山顶终年积雪，因此叫做雪山山脉。东段称马勒山脉，其东端

新几内亚岛

延伸入海，突出海面的山峰形成路易西亚德群岛。

新几内亚岛大部分地区雨水充足，年平均降水量高于 2500 毫米。从 11 月到次年的 4 月，全岛盛行西北季风，普遍降水，北部较多，年降水量高于 4000 毫米。5 ~ 10 月盛行东南季风，为南部的主要雨季，但情况比较复杂，因各地地理条件的差异，雨量和雨季有许多局部的变化。

新几内亚岛的陆栖动物多种多样，兼有亚、澳两大陆的动物种类。无论是有袋类（多为树栖有袋类）和单孔类，还是啮齿类、野犬、野猪类都应有尽有。该岛以鸟类众多而著称于世，被称为鸟类的乐园。后来，科学家们在岛上又观测到了许多珍稀物种，其中甚至还有被认为是早已灭绝了的物种。

新几内亚岛上的鳄鱼养殖业非常发达，有 300 多家鳄鱼养殖场，养殖鳄鱼近 2 万条，咸水鳄和淡水鳄都有。当地人还喜欢把鳄鱼肉切成长条，用盐腌制，然后风干或者晒干吃，就像我们吃鱼一样。鳄鱼肉的味道有些像鸡肉，但鳄鱼活着的时候，可比鸡凶猛多了。

极乐鸟的乐园

科学家在新几内亚发现了贝尔普施六丝极乐鸟，而这种极乐鸟曾被认为是灭绝了的物种。当这种小鸟向异性求爱的时候，它们头上的 6 根长 10 厘米的漂亮羽毛就会竖起来，不停地晃动。传说，极乐鸟是一种住在“天国乐园”中的神鸟，它们吃的是天露花蜜，飞舞起来会发出一阵阵迷人的乐声，所以人们也把它们称为“天堂鸟”“太阳鸟”“风鸟”和“雾鸟”。全世界有 40 多种极乐鸟，而新几内亚就有 30 多种。

新几内亚是世界上最漂亮的袋鼠——金披风树袋鼠的发现地。金披风树袋鼠是世界上十分罕见的树栖丛生类袋鼠，被认为是生活在高海拔地区的一个袋鼠新物种。

罕见的长吻针鼹也生活在新几内亚神奇的土地上。它们身上有稀疏的短刺，毛发较多，喙长而弯，

长吻针鼹

没有牙齿，仅用舌头捕食虫蚁。它们昼伏夜出，行动笨拙，几乎是瞎子，且繁殖能力不强，是地球上最原始的现生哺乳动物之一。

金额园丁鸟是科学家在新几内亚岛发现的新物种，这种鸟在1825年首次得到确认。每当金额园丁鸟求偶的时候，雄鸟就会高高地构筑和装饰起巨大且精美的“五月柱舞池”来吸引雌鸟。

这里还有世界上最大的杜鹃花，芳香的白色花朵直径可达15厘米。

新几内亚岛的居民有巴布亚人、美拉尼西亚人、西非几内亚人，除此之外，还有很多外来人口。他们的皮肤黝黑，头发卷曲，分为1000多个部族。据调查，这里的语言达700多种，是世界上语言最丰富的岛屿之一，交流起来十分不便。种植与养猪是他们的主要生计。在新几内亚岛，养猪越多越有钱。由于饲养猪是妇女的责任，所以男人们为了在族群中建立威望而广纳妻妾。

日本第一大岛：本州岛

本州岛西临日本海，东濒太平洋。东北隔津轻海峡与北海道岛相对，西南隔关门海峡与九州岛为邻，南濒濑户内海，与四国岛相望。呈东北－西南走向，长约1500千米，最宽处约300千米。面积22.7万平方千米。

本州岛地形崎岖，多火山和地震。中部为中央高地，飞驿山脉和赤石山脉有多处3000米左右的高峰。富士山海拔3776米，为全岛最高峰。赤石山脉的白根山海拔3192米，是全岛非火山中的最高峰。富士火山带从岛的中部延伸到太平洋中的小笠原诸岛和伊豆诸岛。岛的北部有三列山脉，南北纵贯，间有盆地和平原。其中奥羽山脉长达450千米。西南部的中国山地与纪

日本本州岛的富士山

伊山脉呈东西走向，山间多小盆地。较大平原大多集中在太平洋沿岸，以关东平原最大。河网密布，各河中上游多急流瀑布，水力资源丰富。海岸线长约 1.2 万千米，约占全国海岸线总长的 40%。太平洋沿岸海岸曲折，多半岛和海湾；日本海沿岸较平直。

本州岛大部分地区温和湿润，但各地差异明显。年平均气温：北部的青森为 9.6℃，西南端的下关为 15.5℃。最冷月 (1 月) 平均气温：北部为 –2℃，西南端为 5.5℃；最暖月 (8 月) 平均气温：北部为 22.5℃，西南端为 26.7℃。年平均降水量北部为 1400 毫米，西南部为 1700 毫米。森林面积约占总面积的 3/5。矿产资源贫乏，仅有少量的铜、铅、锌、煤炭和石油等。

本州岛是日本政治、经济、交通和文化的中心区域，在全国占有重要地位。工业主要分布在太平洋沿岸的 (东) 京 (横) 滨、(大) 阪神 (户)、濑户内海等工业地带，产值约占全国的 88.9%。农业中稻谷产量约占全国的 80%。各城市郊区的乳酪、花卉、蔬菜等园艺业发达，茶、桑蚕、果树栽培均居全国前列。近海养殖业和远洋渔业十分发达。本州是全国新干线高速铁路和高速公路等现代化交通的中枢。与北海道之间有青函隧道、与九州之间有关门海峡隧道、与四国之间有三条有“日本新象征”美誉的岛桥交通相连接。

第二节　岛屿部落：群岛

黄金之岛：所罗门群岛

在西南太平洋辽阔的洋面上，有大大小小数百个岛屿，跨过世界上最大的珊瑚海，自西北向东南延伸，绵亘数千华里。其间，参差的珊瑚礁犬牙交错，伸向海面，围栏海水，形成一个个波光潋滟的潟湖。湖边森林丛莽，草木繁茂，海浪拍打礁堤，卷起朵朵浪花，瓦蓝的天空中，海鸥盘旋，展现了一幅色彩绚丽的风光画卷。这一片翠链般的岛屿就是闻名于世的所罗门群岛。

所罗门群岛

据《圣经旧约全书》的神话故事，大约在公元前986年，大卫国王有个儿子叫所罗门。所罗门自小聪颖伶俐，智慧过人，12岁那年即接替父业登上王位。由于他治国有方，善于经商，使得国库充盈，建造了富丽堂皇的王宫庙宇，亭榭楼阁。因此名声大振，吸引邻国纷纷朝贡，所罗门国王也因此成为财富的象征。

1568年，西班牙探险者门达纳，乘船从南美洲的秘鲁向太平洋进发，寻找圣经传说中的所罗门国王的财富。他先后发现了圣克里斯托巴尔岛和瓜达尔卡纳尔岛。他看到岛上居民佩戴金质饰品，便以为找到了

所罗门群岛自然景观

所罗门珍宝之岛，立即向上司报告，在报告中首次将这两个岛屿称为“所罗门”。所罗门群岛也就渐渐闻名于世。

所罗门群岛地处美拉尼西亚群岛的中部，是个典型的美拉尼西亚国家。“美拉尼西亚”是希腊语“黑色群岛”的意思。为什么所罗门群岛也叫黑色群岛？传统的解释是所罗门人属美拉尼西亚人种，肤色黝黑，故命之。但也有另外一种说法，认为所罗门地近赤道，时常黑云密布，暴雨阵阵。1982年，我国湖南杂技团来此访问时，几乎场场遇有雷雨，俄顷之间，“日惨惨云冥冥”。故以为是因其天色而得名。还有一种说法，以为该地因树木葱郁，密不见天日而取名。众说纷纭，莫衷一是，姑且存疑吧。

在所罗门群岛东部的马莱塔岛的劳乌地区风平浪静、绿水粼粼的潟湖中，建有一座座小巧玲珑的人造岛。其中，大的有上千平方米，小的也有几十平方米。至于形状，长方形，正方形，椭圆形，曲尺形的，多姿多态，一个挨着一个，簇簇拥拥，俨然一座“水上城市”。

修建人工岛，十分费时费力。人们要用小木筏从附近的珊瑚礁上运来礁石，填入湖中，颇似精卫衔石填海。一对身强力壮的年轻夫妇，建造一个能盖一两间住房的小岛，

人造岛风景

要花半年至一年的时间方能完成。

至于人造岛的来历，说法也是各种各样的。一部分人认为，所罗门气候炎热，水草丛生，蚊蝇肆虐，于是人们逃到水上居住；也有人认为，是住在湖上比住在陆地安全之故。众说纷纭，难以定论。

人造岛上，幢幢农舍，座座村落，风格大同小异。房屋均用椰树干作柱梁，椰叶茅草缮顶，竹子围墙。房子高出地面数尺，与我国的傣族竹楼颇为相似，但要低矮得多。

所罗门群岛风俗

岛民衣食非常简单。因为天热的缘故，男性只围一条叫“拉帕－拉帕”的布裙子，女的通常也只穿短裙，整天赤脚，她们在被晒得滚烫的沙路上走来跑去，若无其事，练就了一副铁脚板。至于饭食，远非像我国那样有南北之别，米面之分。所罗门全国都吃木薯、香蕉、椰子、菠萝、木瓜和金枪鱼。他们吃香蕉，是将碧青的香蕉煮或烤后食用。他们吃鱼，全靠自己捕捉。捕捉的方法相当原始，或使弓箭，或用长矛，甚至还别出心裁地使用风筝垂钓，但更多的则是绳钓。在细细的尼龙绳上拴个铁钩，串上个小鱼作为饵料，放入水中不久便可有收获。上钩者大多是石斑鱼，小的1千克左右，大的几十千克。他们吃鱼，烹调方式非常简单，白水一煮，洒点食盐，一口香蕉一口鱼，吃得津津有味。

所罗门群岛是自给自足的自然经济，尤其在偏僻的农村，还过着原始的部落生活。西部地区的村落里，母系社会的遗风犹存，母亲为一家之主，主持家政，处理社会纠纷，采用的基本上是女耕男猎的生活方式。女子负责清理庄园，耕耘土地；男子大多捕鱼狩猎。家庭富裕程度的标志不是看有多少钱财，而是看拥有多少头猪。现代货币虽然也在岛上流通，但人们的金钱观念十分淡薄，还在进行着以物易物的原始交易。

他们也使用自己的特殊货币，最有代表性的是羽毛货币和贝壳货币。羽毛钱是用一种红蜂鸟和棕色

鸽的羽毛制成。一卷羽毛钱有约 27 米长、5 厘米宽，大约需要 500 只鸟的羽毛。羽毛钱现在已经很少见了，一般是应顾客要求才制作。因此，要获得羽毛钱，必须征得三位祖传艺人的同意，即一位捕捉鸟、鸽，一位整理羽毛，一位进行编织。羽毛钱是用两根长线编织起来的，这是一种十分细致并且技术性很强的工作。羽毛钱作为一种稀罕的工艺品，供游览者了解所罗门的经济、文化传统。

与羽毛钱一样，贝壳钱也相当名贵。贝壳钱是用海里捡来的贝壳、海豚牙齿或蝙蝠牙齿做成。贝壳钱是不准出口的，但一些商人千方百计地收购贝壳钱，从中牟利。

生物乐园：福克兰群岛

福克兰群岛位于阿根廷南端以东的南大西洋水域，西距阿根廷 500 多千米。在南美洲南端的东北方约 480 千米，距麦哲伦海峡东也有同等距离。全境由索莱达（东福克兰）、大马尔维纳（西福克兰）两大主岛和 200 多个小岛组成。海岸曲折，地形复杂，群岛以北部两条东西走向的山脉为主，最高峰达 705 米。岛上多丘陵，河流大多较短，流速缓慢。气候寒湿，年平均气温 5.6℃。年均降水量 625 毫米，一年中雨雪天气多达 250 天左右。

贝壳钱

据记载，登陆福克兰群岛的最早者是1690年的英国船长斯特朗，他以英国海军官员福克兰子爵的名字命名两个主岛间的海峡，后来成为整个群岛的名称。

福克兰群岛以奇花异草、种类丰富的海鸟、海洋哺乳动物以及拥有特殊地理构造的岩石形态而吸引游客。其中，海狮岛是一个名副其实的动物乐园，岛上唯一一个人类建筑物小木屋中的所有物资，都来源于直升机空运。岛上的40多种鸟类和5种企鹅是这里的绝对主人，因此游客数量被严格控制在小范围之内。从小木屋出发，走上一小段路，人们便会被数千只企鹅、野鹅、野鸭和海鸥所环绕，而海滩则是上百只海狮和巨大海象的领地。

沿谢菲尔德往南的海滩是观看海狮的最佳地点。在每年的12月到来年1月，这片海滩上会有很多海狮。海象也是福克兰群岛的常住居民，还有巴布亚企鹅、鸬鹚、帝企鹅、条纹兀鹰在它们附近徘徊。

海岛美人：帕劳洛克群岛

帕劳位于菲律宾东方约800千米的海面上，为密克罗尼西亚岛群最西端的一个群岛，由6个分离的

福克兰群岛上的企鹅

小岛群组成，总面积约 286 平方千米，南北绵延 160 千米，其中仅 8 个岛屿有人居住。

帕劳拥有全世界最洁净的水质，最美丽的珊瑚礁景观，还有最合适的水温，被评为世界七大海底奇观之首。来到这里，想不被美丽的珊瑚礁和热带鱼诱惑也难，无论你是潜水高手还是浮潜菜鸟，帕劳的珊瑚、帕劳的云彩、帕劳人的热情，都绝对让你不虚此行。

软珊瑚

软珊瑚区位于洛克群岛乌拉萨佩岛的中西侧，岛的接水处有个拱形的小洞，软珊瑚主要丛生在小洞附近约 5 米深的礁岩地带。五颜六色的珊瑚丛随着水流摇曳生姿，犹如在水中漫舞一般，缤纷的热带鱼穿梭其间，恰如一场鱼与珊瑚的海底舞会，而浮潜者正是不请自来的观众。硬珊瑚不像软珊瑚会随着水流摆动，看上去如一丛丛的石林。这里的鱼群也特别多，有黑白条纹的、黄黑条纹的，缤纷灿烂，竞相争艳。

运气好的话，还可以在此看到帕劳的国宝鱼，即俗称“苏眉鱼”的龙王雕，这种鱼因为眼睛上方有两道短小的黑色纹路，看起来仿佛眉毛而得名，而其咸鱼的背部很像拿破仑的帽子，故又称为“拿破仑鱼”。

玫瑰珊瑚保护区，位于洛克群岛的中央海域，这里的珊瑚礁犹如生日蛋糕上用巧克力做成的玫瑰花，十分美丽。

灵芝珊瑚礁区位于一座无人珊瑚礁岛附近，因形似灵芝而得名。此区内有一艘沉船，为二次世界大战期间的日本战船。由于船壳上附生许多藻类，因此形成了一座海底牧场，加上丛生的珊瑚礁，使得这里的鱼群数目也相当可观。水性好的人，可以稍做深潜，还可以发现海参、海星等海洋生物。

若要票选帕劳知名度最高的景点，则非水母湖莫属。水母湖位于马契加群岛中的一个无人珊瑚礁岛上，因拥有全世界唯一无毒的水母而闻名。

水母湖是个封闭的山中湖，过去曾有一段时间海平面较高，海水

水母湖

进入带来水母,但后来海平面下降，在此形成了山中湖，这些水母就一直留在这个孤立的湖泊中了。不过，湖泊的上层水域乃可借着珊瑚礁孔隙在涨潮时与外海相通，至于湖面18米以下的湖水则始终保持死水的状态。由于这里的水母无需自行捕食，也没有天敌，螫刺和长触须便逐渐退化,演化成不具毒性的水母。

来到水母湖最令人兴奋的莫过于让成千上万的无毒水母环绕左右，享受与水母共舞的乐趣。水母湖的水母主要有两种，一种是橘色、身体呈球状的Mastigias水母，一种是透明、身体呈盘状的月亮水母，其他还有大群的银面鱼和海葵。长久以来，橘色水母与附着在其表面的藻类发展出共生关系，水母靠着海藻所分泌的营养素维生，并且每天都会浮到湖面吸收光线，好让海藻得以进行光合作用。

大西洋上的七颗明珠：加那利群岛

加那利群岛位于非洲西北部的大西洋上，总面积为7200多平方千米。东距非洲西海岸约130千米，

东北距西班牙约1100千米，距摩洛哥西南部海岸100～120千米，分东、西两个岛群。

加那利群岛属亚热带气候，天气温暖，四季温差变化不大。降雨集中在11、12月，雨量小。岛上肥沃的火山土和温和的气候宜于多种植被的生长。

似乎每一个风光绮丽，景色迷人的岛屿，都会引起一些人的占领欲望，加那利群岛也不例外。古代腓尼基人、希腊人、罗马人都曾到过该群岛。公元前40年，毛里塔尼亚国王尤巴二世派远征队到此，见岛上有许多躯体巨大的狗，于是称该群岛为加那利岛，意为“狗岛”。而罗马人见岛上风光绮丽，气候宜人，又把它称为“幸福岛”。999年阿拉伯人到达加那利岛经商。1404年，法国探险家让·德贝当古在西班牙卡斯蒂利亚国王亨利三世支持下占领了兰萨罗特、富埃特文图拉和费罗三岛，并被封为加那利群(意即岛之王)。1420～1479年，葡萄牙军队侵占戈梅拉岛。1479年，阿尔卡索瓦条约将该群岛主权划归西班牙。

加那利群岛火山岩浆

兰萨罗特岛

兰萨罗特岛是西班牙著名的旅游胜地之一，这个以保护自然风光、原始风貌来大力发展旅游业的火山岛是西班牙加那利群岛7大岛之一，1900万年前形成，是个长60千米、宽20千米、面积只有750平方千米、人口10万的小岛。兰萨罗特岛于1994年被联合国教科文组织宣布为“生物圈保留地”。

加那利群岛风景优美，气候宜人，拥有得天独厚的旅游资源，每年仅接待来自欧洲的游客就达到1200多万。由于加那利群岛由7个主要的岛屿组成，因此被誉为“大西洋上的七颗明珠”。

加那利群岛中最大的一个岛屿是特纳里夫，此岛有“恒春之岛”的美称，岛上繁花似锦，山清水秀。岛中部是一处直径20千米的中央山脉，海拔2000多米，被定为国家公园。山脉的中部是巨大的天然火山口，火山口北侧是泰德山峰，海拔3718米，是全西班牙最高的一处山峰。冬季山上积雪，就成了全岛最独特的自然景观。

岛上景色错落有致，美丽如画，

加那利群岛的迷人风光

植物的分布因地势高低不同而异。从海平面到约400米高度的地区种植适宜炎热干旱气候的植物；较为湿润或灌溉条件较好的地区则可生长香蕉、柑橘、咖啡、枣、甘蔗和烟草等作物。在400 ~ 700米的地区，为近似地中海的气候，主要作物为谷类、马铃薯和葡萄。高于海拔700米地区气候相当凉爽，生长冬青、香桃木、月桂等树木。群岛是游客假日的乐园，许多海滩上分布着大量的沙丘，还有些小海滩隐藏在岩石峭壁之间。从山坡往下看，红屋顶，窗前绿色的护窗板、阳台，房屋周围是花坛，一切都沐浴在阳光中，处处弥漫着轻松愉悦的气息，置身其中，你会误认为自己到了世外桃源。

加那利群岛的美食要数海鲜最为出名，它融合了地中海和东方烹饪的精华，大多数海鲜的做法是烧烤，配以番茄、洋葱、橄榄油等沙拉，带有鲜明的地中海风味。由于有大量的西班牙人居住在岛上，所以一

般城镇能找到不少供应西班牙菜的餐馆，特色菜有 tapas，海鲜饭等等。

加那利岛拉斯帕尔马斯狂欢节有两大特色，即群众参与和评选“王后”。首先，人们提前几个月就热火朝天地挑选起理想的“王后”，到了 2 月份，狂欢节正式开始时，所有的人都融入欢乐的海洋，大家在国内外乐队的伴奏下，跳起了萨尔萨舞和梅伦盖舞，其乐融融。此时的游客也往往被这份快乐感染，情不自禁地加入其中。

太平洋的十字路口：夏威夷群岛

夏威夷群岛位于太平洋的心脏地带，向东到美国西海岸的圣弗朗西斯科近 4000 千米，向西到日本的横滨约 6300 千米，向北到阿拉斯加约 4000 千米，中间几乎没有岛屿。有“太平洋的十字路口”之称。

夏威夷群岛是一群火山岛，从西到东由 8 个大岛和 130 多个小岛组成，绵延 2400 多千米，总面积 28313 平方千米。群岛位于太平洋地壳断裂带上，由火山喷发的岩浆形成，现在火山口还经常有火山喷发。岛上多山地和丘陵，少平原。许多山地和丘陵被浓密的森林和草地覆盖着。岛上的基拉韦厄和冒纳罗亚火山是世界上活动较为频繁的火山。在基拉韦厄火山的山顶有一个巨大的破火山口，在破火山口的

夏威夷群岛的秀美风光

西南角有个翻腾着炽热熔岩的火山口，其中的熔岩，有时向上喷射，形如喷泉，有时溢出火山口外，形如瀑布，吸引了众多的游人。岛上属于热带雨林气候，气温不高，迎风坡降雨多，背风坡降雨少。一年四季温度都在 14 ~ 32℃之间，变化不大。岛上主要产蔗糖和菠萝，其中菠萝占全世界产量的 3/4。岛上植物和昆虫众多，有世界上罕见的绿色人面兽身蝶。

你知道吗

夏威夷名字的由来

“夏威夷”一词源于波利尼西亚语。公元 4 世纪左右，一批波利尼西亚人乘独木舟破浪而至，在此定居，为这片岛屿起名“夏威夷”，意为“原始之家”。最早发现该群岛的欧洲人是西班牙的胡安·盖塔诺，而真正使夏威夷为世人所知的是英国航海家库克船长，他于 1778 年登上夏威夷群岛。

威基基海滩

威基基海滩大概是世界上最出名的海滩，也是大多数游人心目中最典型的夏威夷海滩。海滩区东起钻石山下的卡皮欧尼拉公园，西至阿拉威游艇码头，长达一英里，精华部分是从丽晶饭店到亚斯顿威基基海滨饭店之间的一段，这里有细致洁白的沙滩、摇曳多姿的椰子树以及林立的高楼大厦，总长度约三四百米。海水宁静开阔，是假日休闲的理想地点。喜来登阿那冲浪者饭店和威基基饭店之间的沙滩区则是水上运动的最佳地段，可以划船、冲浪，夕阳西下之时，还可以沿着沙滩散步，慢慢欣赏落日的壮观景象。

夏威夷岛上居民的大部分劳动就业、个人收入以及州政府的税收都依靠每年络绎不绝到夏威夷游览观光的 700 多万国内外游客。据夏威夷银行计算，游客在那里旅游支出的波及效应为 2，即游客每支出 1 美元，将使当地的总产值增加 2 美元。旅游收入占当地总产值的 60%，使夏威夷的经济增长率始终

高于美国经济的平均增长水平。

由于旅游业在夏威夷的经济中占有举足轻重的地位，因此，夏威夷州政府十分重视保护环境，保护旅游资源，注意发展“清洁”产业，如海洋科学、水产养殖、热带农业、金融服务、商业中心等，以此来促进旅游业的发展，进而推动经济的增长。

丁香之岛：桑给巴尔岛

桑给巴尔岛是一个群岛，由桑给巴尔、奔巴、龟岛等附近的20多个小岛组成。其中，桑给巴尔岛南北长85千米，东西宽45千米，面积1658平方千米。

桑给巴尔群岛原来是非洲的一个国家，1963年独立，1964年同坦噶尼喀组成坦桑尼亚联合共和国，保持相对独立性。桑给巴尔的总统是法定坦桑尼亚的副总统。在桑给巴尔城的街道、大型建筑等公共场所，都可以看到他的巨幅彩色画像。

桑给巴尔岛不仅有举世闻名的世界历史文化遗产，而且还有令人向往的优美风光，就像一块绿宝石镶嵌在印度洋上。

桑给巴尔岛年平均气温25℃左右，雨量丰富，虽然气候湿热，但由于海洋的调节，气候非常宜人。桑给巴尔岛盛产丁香，是世界丁香主要产地和出口大国，素有“世界最香之地”“丁香之岛”的美称。

桑给巴尔岛的西部临海一带是

桑给巴尔岛优美的自然风光

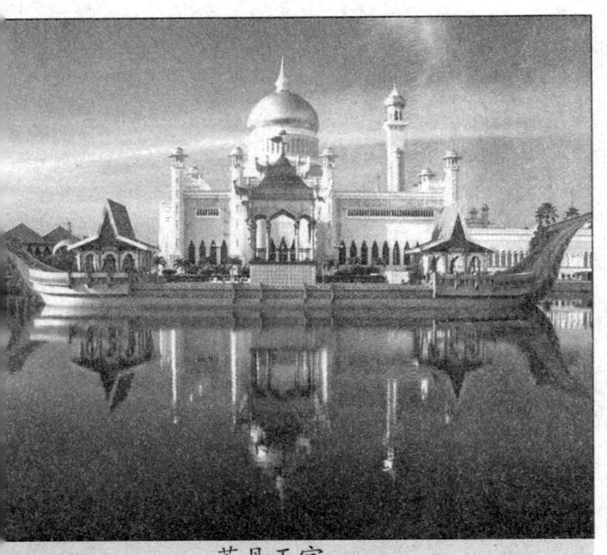

苏丹王宫

2000 年被列为世界文化遗产的桑给巴尔石头城，它曾是桑给巴尔帝国的经济贸易中心。如今，石头城完好地保留了古代城镇建筑物极其优美的城镇风光。如当年桑给巴尔帝国的石造城墙、大型露天剧场、塔形堡垒和苏丹王宫等，反映了其别具特色的文化。

石头城的东隅，坐落着一所欧式大教堂和一座欧式四合院，那就是东非最大的奴隶交易市场遗址。四合院楼房的地下室，就是当年关押奴隶的监狱，至今保存完好。大教堂是 1873 年废除奴隶制后在交易场上盖起来的。为了不让人们忘却那段黑暗的历史，后来，桑给巴尔人在教堂的一端修建了一组反映当年奴隶交易景况的群塑。

1911 年重建的苏丹王宫，北临印度洋，现辟为国家博物馆。二楼的观光长廊和大型会议室富丽堂皇，十分气派。桑给巴尔总统至今仍在这里召集会议。在观光长廊，可以近看港口，遥望龟岛，印度洋风光尽收眼底。

龟岛约距苏丹王宫 5 千米，面积不到 0.2 平方千米，上面有一处龟园和一座五星级酒店。茂密的树林中养育着几百只海龟。游客可以用蔬菜喂养海龟,同海龟合影留念。

世界最美的海岛：维尔京群岛

维尔京群岛的名字是哥伦布为纪念圣女厄休拉及与其一同殉道的 1.1 万名圣女所起的。维尔京群岛有如水晶般透明的海域、适宜的水温、永远纯净的白沙滩、从未被污染的植被、清新的空气、丰美的鱼儿……这里有全球最庞大的船只租赁队伍，可以找到任何理想的船只。一年当中，这里有很多赛舟会：4 月的春季赛舟会，9 月的狐狸吧木舟赛舟会和帆板运动等，令人流连忘返。

托托拉岛是群岛中最大的岛屿，莫属维尔京群岛的入口，从这里前往其他岛屿都很方便。粉状白沙滩、郁郁青山、遍布游艇的港口，这些

维尔京群岛

是托托拉岛的基本特征。塞奇山是岛上最高峰，为保护古代丛林特别建立了国家公园。该岛有许多久远的历史遗迹：地牢、乔治堡、里卡沃理堡、大风车山，还有那仍在运作之中的阔尔伍德朗姆酒酿酒厂。值得一游的是罗德城，火红的窄屋顶、木墙和砖石，是这里最典型的房屋，城中的英属维尔京群岛民俗博物馆会告诉你托托拉岛的历史。你可以悠闲地逛小餐馆、酒吧和商店，了解小城故事，感受小城风情。

维尔京戈尔达岛是群岛中的第二大岛，面积为22平方千米。它胖胖的体态，让哥伦布为它取了个有趣的名字——“胖女孩”。其重镇是西班牙城以及它的旅游港。它的自然景观纯粹而美丽：Bams海岸上分布着冰碛人像，异常壮观。还有那由巨大的花岗岩创造出的神秘洞穴和盐水池，同样引人入胜。位于北部海峡的终结痛苦游艇俱乐部是一个只有水路通达的地方。这里的海滩可能一个人都没有，你可以奢侈地侵吞一大片海，尽情体验一把鲁滨孙的感觉。如果你喜欢人文古迹，维尔京戈尔达岛上的非洲和印度文化遗产可以大大满足你的探奇之心。小堡森林公园里保存着西班牙古堡遗迹，见证了历史的沧桑。

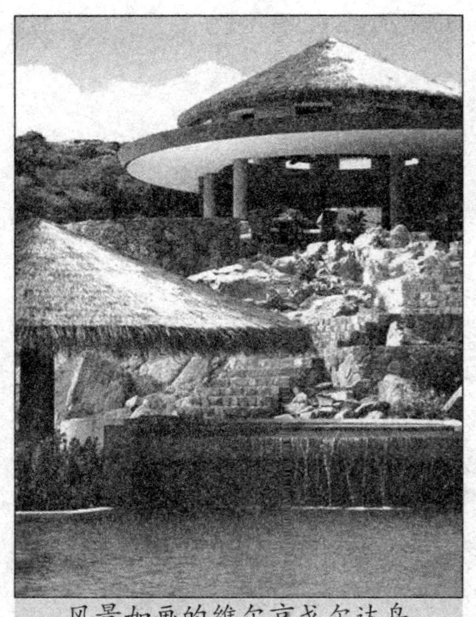
风景如画的维尔京戈尔达岛

阿内加达岛是群岛中唯一一个环状珊瑚礁，与众不同。整个岛屿为马蹄礁所环绕，是加勒比海东部的第三大连续性珊瑚礁，全长 63 千米，包括补丁礁和堤礁。最高点距海平面仅 8 米，是加勒比海最特殊的地方。这座岛就是一座自然保护区，随处可见美洲蜥蜴、野山羊、苍鹭、鹗、火烈鸟……一派生机勃勃，原始自然的图景。这里的野生环岛珊瑚礁几个世纪以来导致了 300 多起沉船事件，打捞出来的物品当中有大炮、步枪子弹和轮船船骨，均陈列在阿内加达博物馆里。潜水于此，有机会看到长满珊瑚与海莲花的船只残骸。在岛上主镇周围的石墙上，雕刻着岛屿的历史。古老的贝壳埋葬式土丘证实了 1000 年以前定居在此的阿拉瓦人。在这里还可以听到关于海盗、沉船和仍未被发现的黄金宝藏的传说。

第三章
奇趣无限的著名岛国

品味完多姿多彩的岛屿之后，接下来让我们一起走进美丽富裕的岛国吧：这里有大西洋上最大的“绿岛”英国，大洋洲最大的岛国巴布亚新几内亚，太平洋上的花朵日本，印度洋上的明珠斯里兰卡，“冰雪下面是火焰”的冰岛，古老的岛国汤加群岛，海洋中的小珍珠瑙鲁，中国“宝岛”台湾岛，旅游胜地马尔代夫……

第一节　亚洲岛国

樱花之岛：日本

日本是东亚著名岛国。地处太平洋西缘“东亚花彩列岛”中段。由北海道、本州、四国和九州四个大岛及其附近的小岛组成，有大小岛屿约6800个，合称日本群岛。陆地面积37.78万平方千米。按传统习惯，日本全国分为8个地方，一级行政区划则将全国分为47个都、道、府、县。在4个大岛中，北海道、四国、九州各为一个地方；本州岛面积最大，22.7万平方千米（亚洲第三大岛），故分为东北、关东、中部、近代、中国5个地方。

北海道风光

作为岛国，日本有自己的地理、区位及环境特点，同时这些外在条件对日本的发展也有着深刻的影响。

日本列岛南北狭长，呈东北－西南走向，绵延3000多千米，东、西两边的海岸地形和海洋环境迥然不同。东边太平洋一侧海岸线曲折，多半岛和海湾，有许多天然良港，是日本建设深水港、发展海运业和国际贸易、布局临海工业、发展海

东京湾美景

洋旅游业和水产业的重点所在。西边日本海一侧，海岸线相对平直，虽亦有半岛和海湾，但多悬崖绝壁，其开发利用价值比东海岸大为逊色，多半只适合于发展海洋研究、专题旅游和开发特种产业，如兴建核电站等。正因为海岸条件的上述差别，所以日本列岛尤其是本州岛的东海岸，集中了日本最主要的海港和工业中心。

如果说欧洲以荷兰的围海造田闻名于世，那么在世界的岛国中，填海造地的规模以日本首屈一指。由于受土地条件所限，日本工业、城市的发展以及基础设施建设等方面的用地严重不足，只好打海洋的主意，在海滨地带条件有利的地方，实行大规模填海造地。其中尤以太平洋沿岸的“三湾一海”地带，即东京湾、伊势湾、大阪湾和濑户内海最为集中，由此而出现了一系列的人工海岸。在东京湾、大阪湾，这种人工海岸占海岸线总长度的85%。

填海造地带来了巨大的经济效益。它提供了大片宝贵的地产资源，总面积达15万公顷，有效地补充了工业、港口、机场、城市和住宅等

建设用地，也扩大了公园和绿化用地，形成了一批现代化大型临海工业基地，新建和扩建了千叶、横滨、川崎、东京、木更津等港口的深水码头。东京湾出现了绵延数十千米的京滨、京叶两大临海工业地带，新增产值达数万亿日元。

但事实同时证明，填海造地给环境也带来了明显的副作用，包括破坏了自然海岸，代之以毫无生气的人工海岸；破坏了沿海地区的生态平衡，给沿海地区造成了更多的工业污染，沿海渔业受到损害；沿海地区的环境质量和居民的健康状况大受影响等等。

日本以多火山和地震而闻名于世，境内有火山约 270 座，其中活火山有 70 多座，约占世界活火山总量的 10%；这里的火山（包括山麓地带），面积竟然也占到国土总面积的 10%。

景色壮丽的富士山

按日本境内的火山分布，可划分为东北火山带和西南火山带。前者包括千岛、那须、岛海、富士火山带；后者包括白山、乘鞍和雾岛火山带。其中富士火山带的富士山地处本州岛中央靠近太平洋的一侧，海拔 3776 米，为全国第一高峰，而且还是一座活火山。它那挺拔的圆锥形顶峰高耸入云，火山口周围白雪皑皑，烟雾缭绕，景色格外壮丽，号称“日本圣岳”。有史以来，日本的诗人和画家就把富士山的美景作为永恒的主题来加以描绘，而游人和朝圣者则无论怎么艰难也要登上富士山顶，对它顶礼膜拜。

此外，日本境内还有很多世界著名的火山。如地处九州岛上的阿苏火山，它有世界上最大的火山口，南北长达 24 千米，东西宽 18 千米，周长有 100 多千米。有趣的是，山上有口，口中还有山，在硕大的火山口中，又生成了十多座火山。由此不难想象它在历史上喷发之猛烈及喷发物数量之大。据估计，当初喷发物有 1800 亿立方米。又如地处琉球群岛那坝市以北 170 千米处有迄今为止所发现的世界上增长最快的海底火山，在数百年内山体已增高 240 米，其增长速度在地质史上尚难找到先例。更有甚者，日本八

日本九州岛的火山喷发

丈岛近旁的西之岛火山，竟于1973年露出海面，形成新的岛屿，此事曾轰动一时，一年后，新岛面积又扩大到7.7万平方米，同邻近的八丈岛连成一片，成为第二次世界大战后日本自然增加的唯一国土。火山活动使日本增添了国土，造就了肥沃的土地，但也带来了可怕的灾难。如九州岛的云仙岳，1792年火山爆发时，伴随强烈地震、山崩海啸，造成约1.5万人死亡的惨剧。

日本是个多发性地震的国家。平均每天有20次地震发生，一年达数千次之多。其中有感地震平均每天4～5次，破坏性地震大约每3年一次。1923年9月1日发生关东大地震(8.2级)，震后又发生巨大的次生灾害——大火灾，并且由于震源在海底，导致相模湾发生巨大海啸，浪高达8.1米。此次地震造成约10万人死亡，10万多人受伤，4万多人失踪，物资损失28亿美元。在日本有记录的地震史上，是死伤和失踪人数最多的一次大地震。

1995年1月17日发生的阪神地震（7.2级），其死伤人数虽然远不及关东大地震，但造成的经济损失却达到2000亿美元以上，也创造了一项日本之“最”。建筑物和基础设施损失之大，给当时日本所采用的抗震技术敲了一次警钟。

日本的地震，在地理分布上同火山有所不同，即相对集中于距本州岛333千米的深900米的海沟中，从而形成了一个发生破坏性地震的“固定震源”。

千岛之邦：菲律宾

菲律宾位于赤道北端，是亚洲东南部的群岛国家，有“千岛之邦”之称。北隔巴士海峡与中国台湾遥遥相望，南和西南隔苏拉威西海、苏禄海以及巴拉巴克海峡与印度尼西亚、马来西亚相望，西濒南海，东临太平洋，是亚澳两大洲和太平洋之间、东亚和南亚之间的交通要道。海岸线长18533千米，岛屿由南至北，南北长1855千米，东西宽1088千米。

菲律宾由7107个岛屿组成，其中有名称的岛屿有2800个，主要岛

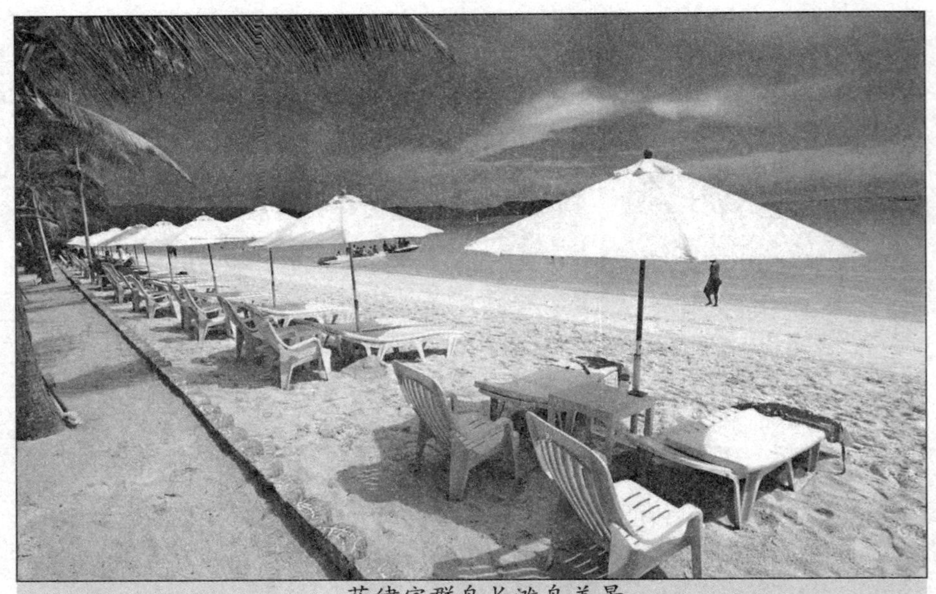
菲律宾群岛长滩岛美景

屿 11 个。全境分北部的吕宋岛、中部的米沙鄢群岛、南部的棉兰老岛和西南部的巴拉望岛与苏禄群岛。在 11 个主要岛屿中，吕宋岛是面积最大的，为 104688 平方千米，约占全国总面积的 35%，其次是棉兰老岛，面积为 94630 平方千米，约占全国总面积的 32%。

菲律宾各岛地形起伏不平，山峦重叠，山地占全国土地总面积的 3/4 以上。菲律宾群岛的地质构造处在新生阶段，因此，地震与火山的情况频繁。它们属于环太平洋造山地带，构成地形的最大要素为火山。从完全呈现圆锥状的马荣山到已失去原始形态的古老火山，各式各样的火山都可以在菲律宾见到。

在菲律宾吕宋岛北部，有一片已有 2000 多年历史的高山梯田。这是古代劳动人民为改造自然而用双手建造起来的伟大奇迹。山地山势峻峭，古人为建造梯田付出了艰辛的劳动，所有的梯田均用巨大的石块砌成外壁，其用料总量超过了埃及金字塔。梯田自下而上，重重叠叠，从海拔 1100 余米一直建到海拔 1500 多米，其磅礴的气势令人为之震撼。据统计，高山梯田灌溉水渠总长在 1.9 万千米以上，几乎可以围绕赤道半圈。

20 世纪 70 年代以来，菲律宾非常重视发展旅游业，1973 年专门成立了旅游部，下设全国旅游促进局，并在全国 12 个区设立了 12 个

旅游办事处，并结合实际情况，整顿国内旅游设施。旅游是菲律宾的外汇主要来源之一。菲律宾把旅游业称为“旅游工业”。菲律宾这座“千岛之国”，碧水云天、湖光山色，自然景观十分美丽。因为地处亚热带，物产丰富，水果、海鲜四季不断。

菲律宾饮食

菲律宾人的饮食，一般以大米、玉米为主。有时也吃玉米和薯粉，伴以蔬菜和水果等。农民煮饭前才舂米。米饭是放在瓦罐或竹筒里煮，用手抓饭进食。菲律宾人最喜欢吃的是椰子汁煮木薯、椰子汁煮饭。玉米作为食物，先是晒干，磨成粉，然后做成各种食品。另外，城市中上层人大多吃西餐。但是按照伊斯兰教教规，他们不吃猪肉，不喝烈性酒。他们和其他马来人一样喜欢吃鱼，不喝牛奶。他们的烹调方式很简单，喜欢使用有刺激性的调味品，进食时用手抓。咀嚼槟榔的习惯在菲律宾穆斯林中十分流行。

五光十色的菲律宾风光

菲律宾工业产值占国内生产总值的31.6%，主要有制造、采矿、能源动力和建筑等工业。制造业主要集中在大马尼拉区，它集中了全菲小型工业企业的31%、中型工业企业的66%和大型工业企业的57%。宿务、内格罗斯岛的巴哥洛的制造业也比较发达。吕宋岛的雪茄世界闻名。菲律宾的工业布局主要集中在以马尼拉为中心的，包括4市13镇在内的大马尼拉区域内，该区域集中了全国人口的70%，工业产值的60%，提供的财政收入占全国的90%。菲律宾农业人口占全国人口总数的68%，全国劳动力的50%从事农业。农业产值占国内生产总值的18.6%，其中粮食作物产品产值占农业产值的60%，经济作物产品产值占农业产值的40%。经济作物产品产值在农业中占有重要地位。农业中，椰子、甘蔗、焦麻、烟草是菲律宾的四大传统经济作物，并保持着在国际市场上的经济地位。其中椰子的产量和出口量均在世界产量和出口量的前列。

花园城市：新加坡

新加坡共和国是一个热带城市国家，位于马来半岛南面，地处太平洋和印度洋之间航运要道马六甲海峡的出入口，北隔柔佛海峡与马来西亚相邻，南隔新加坡海峡与印度尼西亚相望。由新加坡本岛及附近60个小岛组成，本岛以外的其余岛屿，较大的有德光岛(24.4平方千米)、乌敏岛(10.2平方千米)和圣淘沙岛(3.5平方千米)。新加坡本岛占全国面积的91.6%。海岸线长193千米。新加坡是东南亚诸国中最富庶的国家之一,其环境之清洁、产业之繁荣、国民之守法，在世界上也是少有的。

新加坡地狭人稠，本身资源贫乏，连淡水供应也十分紧张，长期靠旅游业和转口贸易为生。独立后，才利用有利的地理位置和丰富的劳动力，积极发展与对外贸易和海上航运密切相关的本国工业，并新建了21个出口加工区，其中最重要的裕廊工业区，是新加坡出口产品的生产基地。产品小到精密电子元件，大到船舶，应有尽有。另外，电子工业是新加坡的后起之秀，生产的各类电子产品销往世界各地，产值居东南亚各国之首。

新加坡植物园

新加坡植物园坐落于克伦尼路，占地74公顷，以研究和收集热带植物、园艺花卉而著称。园内有2万多种亚热带、热带的

景色秀美的新加坡

奇异花卉和珍贵的树木，可分为热带、亚热带常绿乔木、水生植物、寄生植物和沙漠植物等。新加坡植物园的国家兰花园，大约有3万平方米，有专门种植胡姬花的花圃和研究所，园内有400多个纯种和2000多个配种的胡姬花，总数达6万多株，主要有蝴蝶兰、兜兰、石斛兰等色彩夺目的兰花家族。

新加坡是一个多语言的国家，拥有华语、英语、马来语和泰米尔语四种官方语言。基于和马来西亚的历史渊源，《新加坡宪法》明定马来语为新加坡的国语。独立以后，新加坡按照前英国政府惯例，采用英语作为政府机构以及种族社群之间的主要通行语和教学语。新加坡华裔的籍贯相当繁杂也趋于多样化，政府在1979年推广“讲华语运动”，目的是要扭转华人使用方言的习惯。目前有超过七成的华人能说华语，它也是华裔之间的通用语言。

另外，新加坡还是个景色秀美的花园城市国家，因而旅游业发达，成为仅次于工业和贸易的第三大经济支柱。新加坡在20世纪80年代以后，大力发展旅游业，开展会议旅游、体育旅游，并以自身价廉优势参与世界旅游业竞争。据统计，

新加坡夜景

同类水准的旅游，在新加坡的费用只相当于香港的1/2，日本的1/3。所以现在，新加坡每年需要接待高达400万人次的游客。

潜水天堂：马尔代夫

被誉为“上帝抛洒人间的项链”“印度洋上人间最后的乐园”的马尔代夫位于南亚，是印度洋上一岛国，由1200余个小珊瑚岛屿组成，其中202个岛屿有人居住。马尔代夫南部的赤道海峡和一度半海峡为海上交通要道。马尔代夫基于环境因素，境内无法建设铁路，但仍设有易卜拉欣纳西尔国际机场。该国虽然国土偏小，建国也不久，但有很多节日，同时该国也是个伊斯兰教国家。另外，马尔代夫还是世界三大潜水胜地之一。马尔代夫地处

世界海流交换最频繁的地区，鱼的种类及数量之丰富可与大堡礁和红海相媲美。

马尔代夫的常年海水温度在20～30℃之间，能见度在30～50米，海底中有很多斑斓丰富的生命，在这里潜水，你可以尽情观赏珊瑚地带的五彩小鱼、深海的快鱼方阵、浅海的海底悬崖。正因为这里有着如此众多的珊瑚礁和海洋生物，马尔代夫成为全世界最具吸引力的潜水目的地之一，成就了“潜水天堂”的美誉。在马尔代夫有三种潜水，分别是环礁岛内的潜水、环礁岛外的潜水和在通道中的潜水。马尔代夫共有100多处潜水地点，在任何一处的珊瑚礁下潜水，都会有令人心动的美景。

在马尔代夫潜水，欣赏这里的珊瑚礁和各种鱼类，还要注意光线的影响。由于光线的折射作用，水中的物体看起来要显得比实际的更大、更近，颜色也会随之变化。潜水的深度越深，水的折射也就越小，眼前展现的景色也会发生变化。潜到水下5米，所有的红色就消失了，红色的珊瑚礁变为黑色；10米以下，黑色就呈现为黄色了；潜到水下20米时，黄色就完全消失了；等到水下25米时，绿色消失；蓝色则是最后消失的颜色。因此潜水时最好带一把手电筒，这样才能够欣赏到水

风景迷人的马尔代夫

下环境的真实景观，真正感受潜水的乐趣。

马尔代夫的潜水地点最深处可以达到 40 米，一些潜水地点把深度限制在 30 米左右。在清澈温暖的海水中潜到海洋深处对人是一个巨大的诱惑。然而，在海洋深处，人体的血液含氮量极易增多，进而容易引发“深海狂放症”，所以在潜水的时候要警惕。总体说来，在马尔代夫潜水并不危险，但有时也需注意安全。

袖珍国都

马尔代夫的首都是马累，它的面积只有 1.5 平方千米，人口大约只有 6 万。这里没有刻意铺整的柏油马路，放眼望去尽是晶亮洁白的白沙路。炫目的白色珊瑚礁和多半漆成蓝色、绿色的门窗形成强烈的色差，房子通常筑得又高又窄，据说是为了避免恶魔入侵，由于曾受英国管辖，因此也有部分建筑带着浓厚的英式气息。在这个袖珍国都中，汽车似乎是多余的，人们不是骑单车就是走路。

需要注意的是，马尔代夫有专门组织管理潜水运动的机构，有许多人从事潜水运动。每一座度假岛屿饭店中都设置有潜水学校，除了安排一般的潜水课程，颁发潜水资格证书外，同时还承办租借潜水器材的服务。在马尔代夫，潜水是有组织原则的，根据每个岛的大小，每个地方都有对应的潜水设备。此外，这些地方一般都是为已经有潜水证书资格的人提供服务的。当然，他们也为初学者提供培训课程。游人在这里接受高级潜水课程的培训，就可以参加一系列的潜水活动，比如夜间潜游、生态潜游、沉船潜游、水下摄影摄像等。

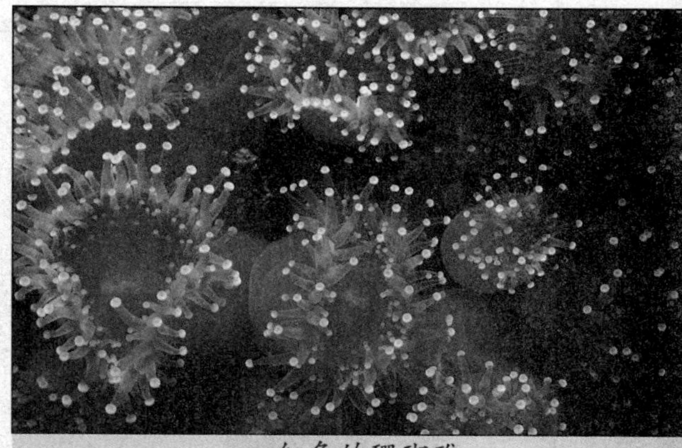

红色的珊瑚礁

宝石王国：斯里兰卡

斯里兰卡位于南亚次大陆南端，是印度洋上的岛国，西北靠马纳尔湾，隔保克海峡与印度相望，东北

斯里兰卡风景

部为孟加拉湾。全岛平均宽度22千米，面积6.56万平方千米。

斯里兰卡属温热带气候，沿海地区平均气温为26～28℃，中部和南部高原地带日夜温差稍大，各地年平均降水量为1280～3320毫米。

斯里兰卡旧称锡兰，是个热带岛国，如同印度半岛的一滴眼泪，镶嵌在广阔的印度洋海面上。“斯里兰卡”在僧伽罗语中意为“乐土”或“光明富庶的土地”，有“宝石王国”“印度洋上的明珠”的美称，被马可波罗认为是最美丽的岛屿。这里有美丽的海滨，神秘的古城，丰富的自然遗产，以及独特迷人的文化。

斯里兰卡以红茶闻名于世，也被称为“红茶之国”。该名称始于1867年，红茶种植使这里成为诸多顶级红茶的产地。

斯里兰卡土地肥沃湿润，气候条件优越，植被种类繁多，生长茂盛。在这片广阔的沃野上，仅开花的植物就有3300多种。热带水果和坚果也品种齐全，香蕉、椰子、腰果、儿茶果、芒果、番石榴、木瓜、荔枝、山竹果、面包果等应有尽有。在这里，喜欢吃水果的人可以大饱口福。

不仅如此，斯里兰卡还有“三宝”：茶林、椰子林、橡胶林。斯

里兰卡的森林面积约占全国总面积的36%左右。麻木头树、红木、黑檀、柚木、铁木以及榕树等，都是斯里兰卡盛产的珍贵木材。除此以外，斯里兰卡的4种旱龟、5种海龟、38种蜥蜴、2种鳄鱼，蓬毛扁鼻黑熊和飞松鼠都是其独有的珍稀动物。

斯里兰卡有容易驯化的印度大象和体形宽大的沼泽象，它们是斯里兰卡的森林之王。斯里兰卡的大象属于大象家族中比较独特的分支，它们不如非洲大象庞大,耳朵尤小，但非常聪明，而且十分友善，与人相处得很好。也许是这个原因，自古以来大象就深受斯里兰卡人的尊崇和喜爱，当地人也因此形成了以大象为图腾的传统。直到现在，岛上的许多工艺品还是以憨厚可爱的大象为主要形象。有趣的是，斯里兰卡的许多精美的明信片、信封和信纸等都是用象粪做原料加工而成的，这些产品没有异味，手感十分细腻，属于岛上的特产。

斯里兰卡岛上有很多古城，在这些古城中到处都能发现大象深深地融入斯里兰卡文化的痕迹。地处斯里兰卡中北部的阿努拉德普拉是岛上最古老的城市，公元3世纪至公元10世纪，这里一直是僧迦罗王朝的都城。城中的鲁般瓦利沙亚塔塔基宽广，外面有一圈围墙，绕墙而行，能看到墙上嵌刻着1900头泥塑大象。这些大象有两人高，一字排开，好像一个威武的战阵。

每年的七八月间，位于斯里兰

旱龟

康提古城

卡中部的康提古城都要庆祝岛上最重要的传统宗教节日——佛牙节，届时要举行全岛规模最大的宗教游行。游行队伍由几百头大象和几千名一边击鼓一边跳舞的演员组成，每头大象都是披红戴绿，全身装饰一新，象颈上还要挂上响声悦耳的铃铛，压轴的大象更是披金嵌银，背上驮着装有国宝佛牙的银色匣子，在震天的鼓音与漫天的焰火中迤逦而行。

斯里兰卡人以大米为主食，喜食鸡肉，菜多放咖喱、辣椒、椰子油，味道辛辣、浓烈。煮稻是他们饮食中最具特色的一种，一般制作方法是把稻子放进大瓦罐中加水煮熟。这样煮稻，米泽微黄，便于贮藏，长时间香味不变，可随时食用。

斯里兰卡人一般用手抓饭吃。饭做好后，盛放在盘子里或芭蕉叶上，加上各种小菜，再浇上一种豆汤或椰肉汁，用手捏和拌匀送入口中。饭桌上一般为每人准备一碗清水和一杯凉开水，清水用于饭前、饭后洗手指，冷开水供席间饮用。但上层和外交场合使用刀叉。

斯里兰卡人非常喜欢辣食，红辣椒是调料中最常用的，几乎每种菜都加放大量的辣椒和其他调味品。在农村中人们还喜欢饮用椰花酿造的一种低度淡香的酒。无论在城市和农村，人们都喜欢咀嚼一种蒌叶抹上生石灰加槟榔片的混合食品，据说这种食品可以提神、帮助消化，但长期咀嚼这种食品会使牙齿带有黑色的锈渍。

第二节　欧洲岛国

大西洋上最大的“绿岛”：英国

英国东濒北海，西邻爱尔兰，北过大西洋可达冰岛，南穿英吉利海峡可达法国。英国国土面积 243610 平方千米 (包括内陆水域)，是一个位于欧洲西部的岛国，海岸线总长 11450 千米，南北最长不到 1000 千米，东西最宽不超过 500 千米。英国境内最高峰为苏格兰高地的本内维斯峰，海拔高度为 1343 米；境内最长的河流为 322 千米长的塞文河；最大的湖泊是位于北爱尔兰的内伊湖，面积 382 平方千米。

英国由大不列颠岛 (包括英格兰、苏格兰、威尔士)、爱尔兰岛东北部和一些小岛组成；英国隔着北海、多佛尔海峡和英吉利海峡同欧洲大陆遥遥相望，它的陆界与爱尔兰共和国接壤。英国的全境共有四个部分：英格兰东南部平原、中西部山区、苏格兰山区、北爱尔兰高原和山区。

英国的主要河流有塞文河 (354 千米) 和泰晤士河 (346 千米)。北爱尔兰的讷湖面积有 396 平方千米，居全国之首。英国的森林覆盖面积达 279 万公顷，占英国本土面积的 11.5%。英国的主要能源有煤、石油、天然气、核能和水力等。

浪漫的英格兰

英国的气候终年温和湿润，属于温带海洋性温带阔叶林气候。英国的最高气温一般不超过32℃，最低气温一般不低于-10℃；1月的平均气温是4℃至7℃，7月的平均气温是13℃至17℃，秋冬季节的雨雾最多。英国的年平均降水量约为1000毫米，北部和西部山区的年降水量超过2000毫米，中部和东部则少于800毫米。在英国，每年2月至3月最为干燥，10月至次年1月最为湿润。

英国伦敦塔桥

英国作为一个发达的资本主义国家，国内生产总值、工业产值和对外贸易额居世界资本主义国家第五位。英国经济具有资本高度垄断、工业在国民经济中占主导地位、第三产业比重高、基础设施雄厚、科技力量强、经营管理经验丰富等特点。英国也是当今西方七大经济强国之一。如果从政治、经济和军事三个方面综合来看，英国在“七强”之中的位置还名列前茅。英国至今在世界上还拥有相当大的经济势力范围。英国仍然有能力利用英联邦机构来达到其经济和政治目的。英国在“国际货币基金组织”和“世界银行”两个国际金融机构中仍然有一定的影响力。

英国的公交文化

英国的出租车十分宽敞，并有着世界上最老的地铁。在英国公共汽车很贵，但服务质量是见仁见智的。这里最大的特色是车站没有站名，给外来者带来很大不便，每新到一地都要请求司机到达目的地时提醒。有时司机忘了就可能错过。在车站等车时要时刻留意车来的方向，一旦自己要乘的车来了时要招手拦截，车子才会为你停下。上车时要把钱预备好，向司机买票。车上的条件很好，座椅都很柔软，冬天还有暖气。因为乘车的人很少，一般都有座位。最前面的两三排车窗上贴着一张纸，要求这些位置为残疾人老年人等保留。而且无论谁，都主动坐在里面靠窗的位子，外面过道永远留给后来的人。虽然空座很多，但没有任何人在空座上放提包等物品。

现在，英国不仅有不胜枚举的旅游胜地，而且提供有世界一流的旅游服务设施。在英国有遍布全岛的旅游服务网，去哪里都不愁没有地方住宿、用餐。因为英国的旅行社、交通业以及娱乐场所大多由私人经营，为了同对手竞争，各家对游客都热情周到，游客能够享受到优质的服务。另外，英国旅游部门最注重的一项工作就是宣传。几乎在所有的旅游点、旅馆、饭店、商店，游客都能买到精美的导游宣传册、彩色的明信片、纪念品等等。英国的广播电台、电视台经常播放旅游节目。英国新闻中心也经常邀请外国记者到处参观，直接或间接地为旅游业做业务宣传。英国除最著名的旅游胜地伦敦外，还有许多其他旅游胜地，英国是一个理想的旅游地。因此，旅游业成为英国经济最主要的收入来源之一。

欧洲庄园：爱尔兰

爱尔兰是一个西欧国家，西临大西洋东靠爱尔兰海，与英国隔海相望，爱尔兰为北美通向欧洲的通道。爱尔兰人属于凯尔特人，是欧洲大陆第一代居民的子嗣。它有5000多年历史，是一个有着悠久历史的国家。尽管爱尔兰也有自己的语言——盖尔语，但它却是欧洲除英国之外唯一一个以英语为母语的国家。爱尔兰共和国于1922年从英国殖民统治下独立出来，是个和平宁静的国家。爱尔兰岛总面积为84421平方千米，其中爱尔兰共和国约占70273平方千米，其余部分为英国所辖的北爱尔兰。

爱尔兰为温带海洋性气候，受北大西洋暖流影响，冬暖夏凉。雨水非常充沛，一些地区一年有275个降水日。主要城市有位于东岸的首都都柏林、西南的科克、西岸的利默里克和高维、和东南岸的沃特福德。

最冷的月份是1月和2月，这段时间的日平均气温在4℃到7℃之间；最热的月份是7月和8月，这期间的平均温度在14℃到16℃。气

景色诱人的爱尔兰

爱尔兰的牧场

温低至 -10℃和高达 30℃以上的时候极其罕见。5 月份和 6 月份是一年中阳光最充足的时期，冬天日平均日照时间为 5 ~ 7 个小时。夏天日平均日照 15 ~ 17 小时。

爱尔兰国旗的寓意

爱尔兰国旗呈横长方形，长与宽之比为 2:1。从左至右由绿、白、橙三个平行相等的竖长方形组成。绿色代表信仰天主教的爱尔兰人，也象征爱尔兰的绿色宝岛；橙色代表新教及其信徒，这一颜色还取意于奥伦治·拿骚宫的色彩，也表示尊贵和财富；白色象征天主教徒和新教派教徒之间永久休战、团结友爱，还象征对光明、自由、民主与和平的追求。

历史上，爱尔兰是个以农牧业为主的国家，有“欧洲庄园”之称。爱尔兰 20 世纪 50 年代末开始实行对外开放政策，60 年代经济取得较快发展。20 世纪 80 年代以来，爱尔兰以软件、生物工程等高科技产业带动国民经济发展，并以良好的投资环境吸引了大量海外投资，完成了由农牧经济向知识经济的过渡。自 1995 年起，国民经济持续高速增长，成为经济合作与发展组织中经济发展最快的国家，被誉为“欧洲小虎”。

爱尔兰经济总量较小，但非常发达，主要依赖出口贸易。1995 年至 2000 年之间，爱尔兰取得了 10% 的经济增长率，在欧洲名列前茅，2003 年已成为世界上人均 GDP 排名第二的国家（仅次于卢森堡），因而赢得了“凯尔特之虎”的美誉。

爱尔兰的农业以畜牧业为主，粮食不能自给。家畜及其产品约占农业总产值的 77.5% 以上。主要农作物有小麦、燕麦、马铃薯、甜菜等。耕地和林地面积占整个陆地面积的 75%。农业人口 12 万，占整个劳动力的比例为 7%。农业的主导地位已被工业所取代，而工业产值占 GDP 的 38%，总出口量的 80%，以及劳动力资源的 28%。虽然出口贸易依然是爱尔兰经济的主要支柱，但后来国内消费额的提高以及建筑业和投资方面的复苏也带动了经济的持续发展。

爱尔兰的工业主要有电子、电信、化工、制药、机械制造、采矿、纺织、制衣、皮革、造纸、印刷、食品加工、烟草、木材加工等部门。2000 年以来，化工、电子工程、计算机软件产业等突飞猛进，传统的服装、制鞋及皮革业所占比重明显下降。爱尔兰铅锌矿储量丰富，是欧洲最大的铅锌生产国。泥煤分布占全国面积的 13%。天然气储量将近 400 亿立方米。所需能源的 70% 依靠进口。另外旅游业是爱尔兰外汇收入的重要来源。

冰岛

冰岛位于欧洲西北部的北大西洋中，靠近北极圈，为欧洲第二大岛。境内 3/4 的土地为海拔 400 ~ 800 米的高原，沿海有狭小的平原。多火山、温泉和喷泉，是世界火山最活跃的地区之一。多湖泊和河流。北部属寒带苔原气候，南部为温带阔叶林气候。

8 世纪末爱尔兰人移居冰岛。9

冰岛风光

世纪后半叶挪威开始向冰岛移民。930年建立冰岛联邦，1262年隶属挪威，1380年归丹麦统治，1904年获内部自治，1940年被德国占领，同年英军进驻，次年美军进驻。1944年成立冰岛共和国。

冰岛的渔业、水力和地热资源丰富，其他自然资源匮乏。渔业是经济支柱，渔产品出口约占外贸出口总额的23%(2009年)。工业有渔产品加工、食品、电力、炼铝、化肥、毛纺和制革等部门。农牧业以畜牧业为主，肉、奶、蛋自给有余，粮食、蔬菜、水果基本依靠进口。服务业在国民经济中占重要地位，2009年其产值占国内生产总值的21.3%。

由于地理位置以及自然环境的影响，冰岛可居住的面积不及国土总面积的一半。冰岛的都市基本上分布于西南沿海一带，人烟稀少，其最大的城市人口也不过6万人，应该用“镇”来形容冰岛的城市。在冰岛，可以强烈地感觉到不同的自然环境给不同的城市带来的影响，这里的各个城市呈现出迥然不同的风貌。

第三节　美洲岛国

泉水之岛：牙买加

牙买加位于加勒比海大安的列斯群岛西部，西经 76°11′ ~ 78°21′、北纬 17°43′ ~ 18°32′，北距古巴 145 千米，东离海地 160 千米。它东西最长处 235 千米，南北最宽处 80 千米，仅次于古巴岛和海地岛，为加勒比海第三大岛。沿海地区为冲积平原。中西部为丘陵和石灰岩高原。东部耸立着一道东西走向的蓝山山脉，山峰林立，主峰蓝山峰海拔 2256 米，为全岛最高点。该岛林木茂密，河流、瀑布、温泉众多，素称“林水之乡”。地处东北信风带，属热带海洋性气候。年平均气温为 27℃，年平均降水量为 1980 毫米。

19 世纪后半叶至 20 世纪初，牙买加经济主要依赖于香蕉种植业和甘蔗种植业。

第二次世界大战后，随着采矿业、制造业和旅游业的兴起，牙买加长期保持的单一农业经济结构发生了较大的变化。

目前，铝土、蔗糖和旅游业是国民经济中最重要的部门和外汇收入的主要来源。

铝土的开采和冶炼是牙买加最

牙买加城市夜景

重要的工业部门。铝土和氧化铝、铝产量一直居世界前列。牙买加的铝土业曾长期为 4 家美资企业和 1 家加拿大企业所控制，现在牙买加已控制其中几家企业的一部分资本。铝土业的从业人员占全国就业总人口的 10.9%。

此外，牙买加还有食品加工、饮料、卷烟、金属制品、电子设备、建筑材料、化学制品和纺织等工业。近年来，纺织和服装工业发展迅速。工业产值占国内生产总值的 18.5%。

牙买加是开放型经济，高度依赖于对外贸易，因此，外贸在国民经济中占有十分重要的地位。牙买加主要出口初级产品和原料，如铝土、氧化铝、蔗糖和香蕉等；进口工业制成品，如石油、食品、机械产品等。

牙买加在独立前是英国的殖民地，独立后又是英联邦成员国，因此它一直是英国的工业品销售市场，农产品及其制成品和其他原料的供应地。第二次世界大战前英国是牙买加的主要贸易伙伴。战后，美国取代了英国而成为牙买加的主要贸易伙伴。

长期以来，加拿大和挪威也是牙买加的重要贸易伙伴，进口牙买加的铝土、氧化铝和蔗糖。

世界糖罐：古巴

古巴位于加勒比海西北部，西经 74°08′ ~ 84°58′，北纬 19°48′ ~ 23°12′。东隔向风海峡距海地 77 千米，南连加勒比海距牙买加 140 千米，西临墨西哥湾距墨西哥 210 千米，北隔佛罗里达海峡距美国 217 千米。古巴是加勒比海中最大的岛国，约占西印度群岛面积的一半。除古巴岛外，它还包括周围 1600 多个大小不等的岛屿。这些岛屿由 5 个群岛组成：萨瓦纳群岛、卡马圭群岛、科罗拉多斯群岛、王后花园群岛和卡

古巴朗姆酒

纳雷奥斯群岛，面积共 3715 平方千米。位于巴塔瓦诺湾中的青年岛（又名松树岛）是沿海唯一较大的岛屿，面积 2200 平方千米。古巴岛形状狭长，从西到东全长 1250 千米，面积 104945 平方千米，最宽处 191 千米，最窄处 31 千米。海岸线总长 6073 千米。

古巴的镍储量 650 万吨，居世界第三。古巴制糖业发达，为世界主要产糖国之一。古巴生产的雪茄世界闻名。近年来，旅游业发展很快，现已成为古巴第一创汇产业。

美丽的哈瓦那

古巴的首都是哈瓦那，它是古巴政治、经济、文化和旅游中心，是西印度群岛中最大的城市和世界上最美丽的城市之一，有“加勒比海的明珠”之称。哈瓦那老城是建筑艺术的宝库，拥有各个时期不同风格的建筑，1982 年被联合国教科文组织列为“人类文化遗产”。人口 214.9 万（2008）。年平均温度 24℃。

1492 年，哥伦布在航海途中发现古巴岛。1508 年，他第二次到达美洲来到古巴时，给这座岛屿带来了甘蔗的根茎，而谁也没想到，甘蔗竟然成为古巴主要的经济作物。

古巴海岸美景

古巴地处热带季风区，四面环海，终年无霜，降水丰沛，比较适合甘蔗的生长。古巴的甘蔗主要种植在土层深厚的平原地区，那里的土壤为黏红土，有机质含量较高，加上机械化程度较高的农耕方式和先进的制糖技术，使得古巴的蔗糖业具有很强的国际竞争力。

古巴的农业以甘蔗种植为主，其加工经济也以制糖业为支柱。古巴还是全球第四大食糖出口国，可以说是名副其实的“世界糖罐”。

近年来，古巴的蔗糖生产严重下降。究其原因，首先要归咎于自然灾害，飓风对古巴的袭击，使得甘蔗种植业遭受严重损失。另外，国际金融危机的爆发，也使化肥、农药、机械零件的进口受到冲击，

影响古巴蔗糖业的发展。

古巴人除了向世界生产销售蔗糖以外，还将甘蔗汁制成的甘蔗烧酒装入白色的橡木桶中，经过层层严格的酿造工艺，以及多年的沉淀和酝酿，制成一种全天然的美味佳酿——古巴朗姆酒。

而最初，古巴人是用这些发酵过的甘蔗汁作为一种消除疲劳的刺激性饮料来饮用的，后来经过商人和海盗的传播，销往世界各地。

几百年来，古巴朗姆酒以其高品质、纯天然以及独一无二的香醇口味，赢得世界各国人民的喜爱。

加勒比海的明珠：巴巴多斯

巴巴多斯位于东加勒比海小安的列斯群岛最东端，西距特立尼达岛 322 千米。巴巴多斯岛原是南美大陆科迪勒拉山脉在海中的延伸部分，大部分由珊瑚石灰岩构成。海岸线长 101 千米。全岛最高点海拔 340 米。岛上无河流，属热带雨林气候。气温通常在 22 ~ 30℃，年平均气温 26℃。巴巴多斯有稳固的民主政体，独立于 1966 年 11 月 30 日，是英联邦成员，其名字来自于

巴巴多斯岛的秀美景色

葡萄牙语，指遍地都是野生的无花果树。巴巴多斯是小安地利兹群岛的一员，现在是加勒比海地区著名的旅游胜地。它位于主岛链的最东端，圣卢西亚与圣文森特和格林纳丁斯是巴巴多斯最近的两个邻居。

巴巴多斯没有重要矿产资源，只有少量石灰石、石油和天然气。能源主要靠进口石油。1996年，石油产量36.3万桶，仅占本国消费比重的19%，比产量最高的1985年减产45%。巴巴多斯石油储量约为250万桶。天然气产量年平均2900万立方米，可满足全国大部分城区及郊区的管道供应。

另外，旅游业、制造业和农业是巴巴多斯经济的三个主要部门。90年代以前，它是加勒比国家中最稳定、最繁荣的国家之一。1990年起，经济开始滑坡。1991年，政府求助于国际货币基金组织，按该组织援助条件，巴巴多斯实行经济结构调整计划和紧缩政策。到1993年，经济调整计划基本完成，经济有所复苏。1994年巴工党上台以来，大胆实施经济调整政策，采取多种措施稳定收支平衡，大力发展离岸金融服务业和第三产业，巴巴多斯经济逐步走出低谷并开始向多元化发展。尤其是1997年税制改革的成功增加了国家财政收入，大大提高了国家宏观调控能力，以上举措使巴巴多斯成为当今世界上少数几个既保持经济增长又维持低通胀的国家之一。

第四节　非洲岛国

牛之国：马达加斯加

马达加斯加全称马达加斯加共和国，马达加斯加位于印度洋西南部，非洲东南部岛国。作为非洲第一、世界第四大的岛屿，马达加斯加旅游资源丰富，20 世纪 90 年代以来，该国政府将旅游业列为重点发展行业，鼓励外商向旅游业投资。居民中 98% 是马达加斯加族人。马达加斯加是世界最不发达国家之一，国民经济以农业为主，农业人口占全国总人口 80% 以上，工业基础非常薄弱。

马达加斯加景色

马达加斯加是热带气候，各地差异很大。气温自高原向沿海增高。5~10 月凉爽，平均气温 17 ~ 27 ℃；12 月最热，平均气温 24 ~ 31 ℃；7 月最冷，平均气温 13 ~ 22 ℃。终年多雨，年平均降水量 1500 ~ 3500 毫米。中央高原西北部和西部降水量较少，约 1000 ~ 1800 毫米。西南部的图利亚拉只有 300 毫米。

公元前开始陆续有印度尼西亚人等移居岛上，公元 7 世纪阿拉伯人迁入。14 世纪初，梅里达人在岛

上建立伊麦里纳国。16 世纪起，葡萄牙、英国和法国殖民者先后入侵。19 世纪经济有较大发展。1896 年沦为法国殖民地。1960 年独立。

特别的节日——翻尸节

翻尸节是马达加斯加人特有的一种表示对已故者的怀念和尊重的风俗。其“翻尸”顾名思义，就是将死者的尸体从墓穴中挖出来，给尸体翻翻身的意思。这样的做法听起来颇觉得难以理解甚至有点残忍。因为这大大违背了我们所信奉的“入土为安”的准则。实则不然，翻尸正是马达加斯加人表达对死者敬意的一种特殊的方式，因为，把尸体重新取出，可以让生者再有一次直接祭拜死者的机会，二是马达加斯加人认为死者在阴冷黑暗的地下埋了若干年，也应该挖出来透透气，晒晒太阳。并且，翻尸节的举行一般会是在死者入土后的几年后进行。

马达加斯加的经济以农业为主。主要种植稻谷、木薯、玉米，经济作物有咖啡、香蕉、甘蔗、棉花、花生、香料。丁香产量仅次于坦桑尼亚居世界第二位；华尼拉果产量

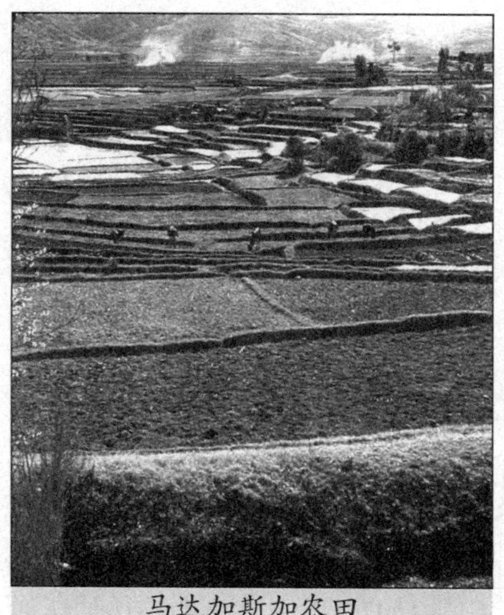

马达加斯加农田

占世界总产量的 80%。其他经济作物还有十余种之多。畜牧业以养牛为主，素有“牛之国”之称。森林面积占国土面积的 20%。多红木、黑檀木等名贵林木。沿海渔业资源丰富，尚待开发。工业发展水平有限，仅限于几个城市。

马达加斯加岛为马达加斯加民主共和国国土的主体，主要城市有：塔那那利佛，首都，全国最大城市，人口约 160 万，全国政治、经济和交通中心；马哈赞加，重要商港；菲亚纳兰楚阿等。港口 18 个，主要有：北端的安齐拉纳纳，西北岸的安杜阿尼、马哈赞加，西岸的穆龙达瓦，西南岸的图利亚拉，东南岸的陶拉纳鲁，东岸的马南扎里、图阿马西纳等。

旅游者的天堂：塞舌尔

塞舌尔全名塞舌尔共和国，是坐落在东部非洲印度洋上的一群岛国家。1976年6月29日塞舌尔宣告独立，成立塞舌尔共和国，属英联邦成员。塞舌尔居民90%信奉天主教，8%信奉新教，其余信奉伊斯兰教、印度教或其他宗教。塞舌尔地处欧、亚、非三大洲中心地带，为亚、非两洲交通要冲。西距肯尼亚蒙巴萨港1593千米，西南距马达加斯加925千米，南与毛里求斯隔海相望，距印度2813千米。塞舌尔陆地面积455.39平方千米，领海面积约40万平方千米，专属海洋经济区面积约100万平方千米。首都为维多利亚。

塞舌尔人是典型的克里奥尔人，在市中心的独立大道上矗立着一座关于三只飞翔的海鸥雕塑，象征着塞舌尔人民来自欧、亚、非三大洲。在塞舌尔，不同肤色，不同宗教信仰的人和睦相处，人民生活悠闲自在。有趣的是，连总统会见外宾都从不穿西装打领带，一件短袖衬衣了事。在这个地方，没有人能正式起来，也没有人能忙起来，让那些来自繁忙都市的人羡慕不已。

塞舌尔人的环保意识极强。每砍一棵树都要报环境部审批。在海洋公园海域，为了保护热带鱼类，不但禁止捕鱼，当地人还通常会劝阻游客拾捡贝壳，“贝壳—浮游生物—虾米—小鱼—大鱼”已形成一条生物链。

塞舌尔的旅游业和渔业为两大经济支柱，工农业基础薄弱，粮食

旅游者天堂——塞舌尔

景色优美的毛里求斯

和日用品主要依赖进口。20世纪70年代中期勒内执政后，实行部分国有化。80年代中期，政府调整经济发展政策，提出诸业并举的多元化经济战略，重点发展旅游、渔业、保税区加工业和农业等，推进私有化进程，改善投资环境，吸引外资，经济明显好转。至90年代初期，经济平均年增长率为4%，被世界银行列为中等收入的发展中国家。

塞舌尔风景秀丽，全境50%以上地区被辟为自然保护区，享有“旅游者天堂”的美誉，1993年在世界十大旅游点评选中名列第三。主要景点有马埃岛、普拉兰岛、拉迪格岛和伯德岛等。其中马埃岛上的拉塞尔自然保护区占地65公顷，拥有种类齐全的热带水果树木和成群的象龟，另外，拉塞尔是马埃岛上最大的自然保护区。在这里，克里奥的古朴传统与现代的豪华设施共存。

世界甜岛：毛里求斯

毛里求斯为非洲东部岛国，位于印度洋西南方。西距马达加斯加约800千米，与非洲大陆相距2200千米。由于毛里求斯盛产甘蔗，因此素有“甜岛”之称。

毛里求斯属亚热带海洋性气候。全年分夏、冬两季，11月至次年4月为夏季，沿海气温27℃，中部高原22℃，海水温度约27℃；5月至10月为冬季、凉季，沿海平均气温24℃，中部高原19℃，海水温度约22℃。

毛里求斯景色优美，风光绮丽，美丽的海滩、明媚的阳光、随风摇曳的高大五王棕、巨大的睡莲，都吸引着大批来自世界各地的旅游者。作家马克·吐温曾经说：“上帝先造了毛里求斯，然后造了天堂。”

毛里求斯岛上最为奇特的首推七色土。天上的彩虹分七色，没想到这里的土也分出了七色。在位于岛西部的查马雷尔地区，有一块名叫夏马尔的山坡，四周绿树环绕，中间是一片寸草不生的开阔地，地面上静卧着的就是闻名遐迩的七色土。七色土面积不大，东西长约50米，南北也不过百余米，呈不规则的丘陵状，然而其多彩多姿堪称奇观。七色土的颜色杂糅在一起，却又非常分明，红色中带着蓝色，蓝色中包含着黄色，黄色中又泛着绿色。每种色彩都占有自己的位置，却又不去淹没别的色彩，共同组成了一道道令人称奇的“地面彩虹”。

在毛里求斯，几乎所有出售工艺品、旅游纪念品的地方，都可以看到一种像大胖鸭子一样的动物，不过都不是真的，这种动物有草编的，有木雕的，还有印在明信片和T恤上的等等，它就是毛里求斯特产的渡渡鸟。当葡萄牙人于16世纪初发现毛里求斯时，他们见到一种前所未见的新品种雀鸟，并把其命名为渡渡鸟，意即“呆子”。它不会飞，行动缓慢。荷兰人发现渡渡鸟肉很鲜美，蛋的味道也不错，就开始拼命捕食，连鸟带蛋一起吃。除了殖民者的大量捕杀之外，当地人为了建造城市而砍伐森林，破坏了渡渡鸟的生存环境，也是渡渡鸟灭绝的原因之一。终于在1690年前后，最后一只渡渡鸟被吃掉，这种笨拙温顺的大鸟从地球上消失。毛里求斯人为了纪念它，独立后，把渡渡鸟定为国鸟。

毛里求斯作为一个以旅游业为主的岛国，又以水清沙细的海岸闻名，故岛上的消闲娱乐亦多与水上活动有关。环绕毛里求斯岛的珊瑚礁提供了大片平静的浅海滩，十分适合进行钓鱼、滑浪风帆、滑水、游艇甚至潜水艇观光等活动。陆上休闲方面，打猎、沙滩车、登山自行车、沿绳下降、滑降、骑马及野外定向等都备受欢迎，但其费用相对较高。

让人心旷神怡的毛里求斯海滩

重要的交通枢纽：路易港

路易港是毛里求斯的首都，同时也是全国的第一大城市和全国的政治、经济、文化中心，有居民14万人。路易港三面环山，风景秀丽，是一个天然良港，地处南大西洋和印度洋之间的航道要冲。在苏伊士运河通航以前，这里是环绕好望角航行的必经之地。20世纪70年代后期，路易港建成为现代化的港口，同时也是世界上大型码头之一，年货物吞吐量在100万吨以上。现在，路易港是全国进出口贸易的必经之地，公路通向全岛的主要城市。另外，路易港的市政厅、自然博物馆、美术馆、图书馆、教堂等市内主要建筑是古代和现代、东方与西方风格的奇妙结合。

除了七色土之外，色加舞也是毛里求斯岛上的特色。每年的8月15日，居住在岛上黑河山脚下的印度族人就会穿戴上美丽的民族服装，手拍腰鼓，跳起色加舞，一直狂欢到深夜。色加舞通常由少女们来表演，她们身姿婀娜，腰部柔软，表演时跪在地上，头向后仰，甚至能接触到地面。跳色加舞身体的摇摆幅度不大，主要是臀部摆动，粗看颇有些肚皮舞的味道。每逢周末，毛里求斯的一些宾馆里就会安排热辣的色加舞表演,很受游客们欢迎。

比色加舞更独特的是火坑舞。每当祭祀神佛时，毛里求斯人就会跳起这种奇特的舞蹈。太阳落山后，人们便将燃尽的炭火扒开，平铺在地面上，男男女女踏着音乐的节拍在上边欢歌狂舞，人人兴高采烈。来到毛里求斯首都路易港的游客，在行程即将结束时，都会被邀请到一座印度寺院里观看这种“火上舞蹈”。只见一名印度人赤着脚在炭火上起舞，让人又紧张又兴奋。

另外，毛里求斯植物园历史悠久，在这里你能看到一池池叶大如盘的古睡莲——王莲。这种莲花是世界上最大的莲花，它们的叶子直径一般在2米左右，可以承受住一个婴儿的重量。高大的王棕随风摇曳，难得的是要想看到它开花得等上100年。此外，毛里求斯茶隼和粉鸽是当地特有的珍稀动物。

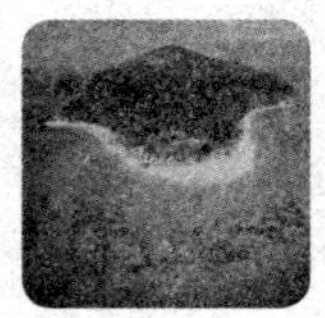

第五节　大洋洲岛国

矿车上的国家：澳大利亚

澳大利亚是世界上最大的岛屿和最小的大陆。澳大利亚四周环海，东濒太平洋的珊瑚海和塔斯曼海，其他三面临印度洋及其边缘海——阿拉弗拉海和帝汶海，由澳大利亚大陆、塔斯马尼亚岛及太平洋的一些小岛组成。澳大利亚大陆的绝对地理位置可用四个点来说明，最北的约克角（南纬 10°41′），最南的威尔逊角（南纬 39°08′），最西的斯提普角（东经 113°09′），最东的拜伦角（东经 153°39′）。东西最大距离 4007 千米，南北最大距离 3680 千米，其面积相当于南亚次大陆的两倍，居世界第 6 位。

澳大利亚不仅是世界上唯一一块由一国独占的大陆，而且还是一个全在南半球的大陆。这对澳大利亚自然条件的形成，特别是对于生物界的孤立性和独特性，具有很大的影响。

澳大利亚风光

澳大利亚存在热带、亚热带两种气候，炎热干燥，雨量较少，呈带状分布。由于澳大利亚基本上处于低纬度、中纬度地带，位于南纬10°41′ ~ 39°11′，南回归线横穿大陆中部稍北的位置，致使澳大利亚大部分地区太阳高度角大，日照时间延长，常常出现高温。澳大利亚是干旱少雨、降水量极不均衡的大陆，年降水量在250毫米以下的地区约占大陆面积35%，年降水量在375毫米以下的地区占57%，年平均降水量在500毫米以下的地区占60%以上。

袋鼠

袋鼠原产于澳大利亚大陆和巴布亚新几内亚的部分地区。其中，有些种类为澳大利亚独有。所有澳大利亚袋鼠，动物园和野生动物园里的除外，都在野地里生活。不同种类的袋鼠在澳大利亚各种不同的自然环境中生活，从凉性气候的雨林和沙漠平原到热带地区。所有袋鼠，不管体积多大，有一个共同点：长着长脚的后腿强键而有力。袋鼠以跳代跑，最高可跳到4米，最远可跳至13米，可以说是跳得最高最远的哺乳动物。

鸭嘴兽

澳大利亚资源中，以动物资源最为突出，动物特有种类多，原始性明显，缺少在其他大陆占统治地位的有胎盘类哺乳动物。其中有袋类动物150种、袋鼠48种。澳大利亚的鸟类约650种以上，其中鸸鹋、琴鸟、食蜜鹦鹉、鸭嘴兽等百余种是特种鸟。琴鸟是国鸟。澳大利亚的植物约有1500个属，12049种，特有属约500个，特有种约9086个。金合欢为国花，桉树为国树。这些典型的植物都集中在澳大利亚的西南部。

澳大利亚矿产资源丰富，有铁、锰、黄金、锌、铅、铜、锡、钨、铝土、金红石、锆石、铀矿、煤等矿藏。其中铀矿、镍矿、铝土矿、锆石和金红石的储量居于世界前列。故有“矿车上的国家”之称。

澳大利亚工业以采矿业和制造业为主。澳大利亚拥有丰富的矿产资源。采矿业是澳大利亚的传统产业，是最主要也是最发达的工业部

门，在澳大利亚出口贸易中占很大比重。矿产品一半以上出口，出口量已超过羊毛。澳大利亚是世界矿产的主要供应国之一。其矿产资源丰富，至少有 70 多种。其中铅、镍、银、钽、铀、锌的已探明经济储量居世界首位。19 世纪的淘金热可以说是澳大利亚采矿业发展的催化剂。第二次世界大战后，大量地质勘探工作取得了重大的进展，新的矿产不断被发现，采矿业突飞猛进。20 世纪 80 年代进入了旺盛期。

澳大利亚制造业的发展经历了缓慢而曲折的过程。第二次世界大战后，制造业获得了较快发展。20 世纪 70 年代的经济危机使制造业生产有所下降。政府采取了各种措施积极鼓励发展制造业。食品、饮料、烟草工业是澳大利亚制造业中最大的部门。纺织工业是澳大利亚制造业中历史最悠久的部门之一，主要生产各种天然或合成的纱和纤维。

澳大利亚城市美景

钢铁工业是第二次世界大战后澳大利亚增长最快的部门之一。澳大利亚具有发展钢铁工业有利的自然条件。其铁矿蕴藏量丰富，品位高，铁矿和煤矿的地理分布适宜，运输便利，便于建设钢铁联合企业等。政府也加大了投资力度，再加上机械制造业尤其是汽车制造业的发展增加了对钢铁的需求，从而刺激了钢铁工业的发展。澳大利亚现有三大钢铁工业中心，即威尔士的肯布拉港和纽卡斯尔，以及南澳大利亚的怀阿拉。此外，西澳大利亚的珀斯钢厂和维多利亚州的钢厂也十分重要。

澳大利亚的经济发展一直与粮食生产和畜牧产品紧密相连。如今，农业在国民生产总值的比重有所下降，但仍不失为澳大利亚一个重要的产业部门，现在仍是世界上最大的羊毛和牛肉出口国。澳大利亚可利用的土地面积有限，种植作物的土地面积较少，可是种植业却为澳大利亚提供了足够的粮食、饲料作物和经济作物等。

另外，澳大利亚还是世界少数拥有丰富渔业资源的国家之一。这

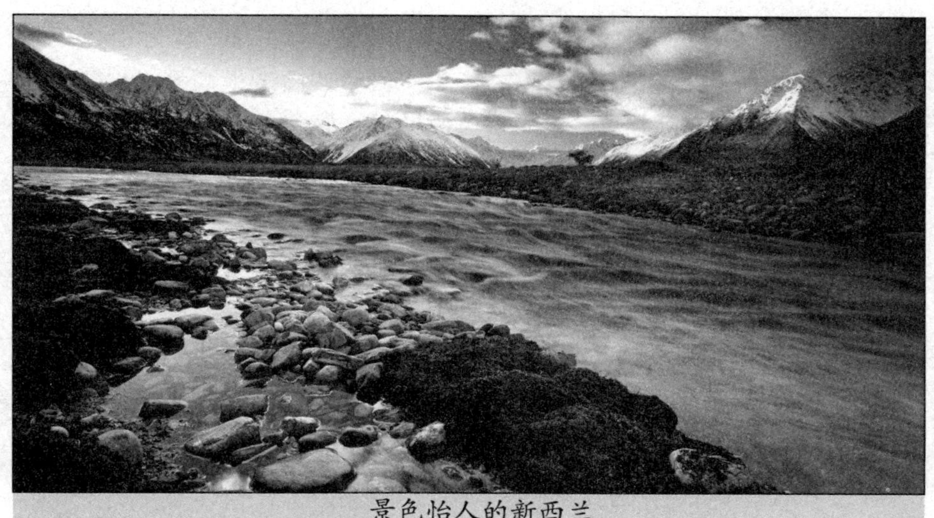
景色怡人的新西兰

里四面环海，但渔业并非其传统收益来源，过去很长时间内很少注意开发利用海洋渔业资源。20 世纪 50 年代起渔业活动起了很大变化。70 年代初日本和前苏联在澳大利亚沿海不断取得的成就，使澳大利亚做出了反应。除用更多的经费和法令来协助渔业发展外，澳大利亚积极同太平洋各国发展区域性合作。

畜牧之国：新西兰

新西兰位于太平洋西南部，扼南太平洋的海、空交通要冲，战略位置十分重要。介于赤道和南极之间，东经 167° ~ 180°，南纬 30° ~ 48°。北、东、南三面均为浩瀚的太平洋，内陆任何一点距海边都不超过 120 千米。其中北岛 11.57 万平方千米，南岛 15.12万平方千米。海岸线长约 6950 千米。北方最近的邻国是新喀里多尼亚、斐济和汤加。

新西兰是个多山的国家，境内山地和丘陵约占全国总面积的 89%，平原面积狭小。新西兰的北岛有许多座火山。西海岸南部耸立的海拔 2518 米的埃格蒙特火山具有对称的火山高原，面积 2.5 万平方千米，是世界上最大、最年轻的火山高原之一。这里有许多火山湖。高原中部有陷落而成的陶波湖，是世界最大的火山湖之一。陶波湖南有 3 座峻拔的活火山，其中海拔 2797 米的鲁阿佩胡火山是北岛的最高点，它与相邻的恩戈鲁霍火山和汤加里罗火山共同构成了新西兰著名的汤如里罗国家公园。

新西兰的交际礼仪

新西兰人见面和告别均行握手礼，习惯的握手方式是紧紧握手，目光直接接触，男士应等候妇女先伸出手来。鞠躬和昂首也是他们的通用礼节。初次见面，身份相同的人互相称呼姓氏，并加上“先生”“小姐”等，熟识之后，互相直呼其名。

新西兰南岛的西部绵延着雄伟的南阿尔卑斯山，层峦叠嶂，其中海拔高度在2000 ~ 3000米的高峰就有223座，构成了南岛的地形骨架。山地中部的库克山峰海拔3764米，是新西兰的最高峰，也是大洋洲的第2高峰，称为“新西兰的屋脊”。南阿尔卑斯山的雪线大约在海拔2000米，高于雪线的山峰有40多个，山上终年白雪皑皑。山间形成很多冰川，最大的塔斯曼冰川长28.9千米，宽9千米，是大洋洲最长的冰川。南阿尔卑斯山西坡陡峻，悬崖直立海岸，海岸大都平直，唯有西南端因受第四纪冰川的侵蚀，多峡湾，峡湾又深又长，使整个南岛的西南海岸呈锯齿形。有的峡湾伸入内陆40千米，景色绝美。

新西兰原野风光

新西兰的经济以农牧业为主，农牧产品出口量占出口总量的50%。羊肉和奶制品出口量居世界第一位,羊毛出口量居世界第二位。20世纪70年代后经济增长速度缓慢。1990年，政府进一步深化前工党政府的经济改革，严控社会福利和政府开支，推行低通货膨胀、低利率政策，促进投资和外贸出口，成效显著。经济增长率曾达6.3%，政府财政连年盈余，通货率和失业率低于2.5%。1998年受亚洲金融危机影响，经济出现负增长。1999年底，经济开始恢复增长。

新西兰畜牧业发达，是其国民经济的基础。畜牧业用地为1352万公顷，占全国土地面积的一半。畜

牧产品一直是新西兰的主要出口商品，又是偿付进口商品所需外汇的重要来源。其中乳制品和肉类是新西兰最重要的出口产品，多年以来，新西兰的羊肉、羔羊肉及黄油的出口量一直占世界首位，羊毛的出口量仅次于澳大利亚，居世界第二位。新西兰是世界著名的畜产品生产国与出口国，素有“畜牧之国”之称。新西兰畜牧业的机械化和电器化程度较高，已有90%的牧场得到了电力供应。农用航空事业发达，广泛使用飞机为牧场施肥、播种等，因而新西兰畜牧业的集约化程度很高，同时也大大提高了劳动生产率。新西兰已成为世界上平均每个劳动力生产畜牧品和平均每只羊剪毛量最多的国家。然而，由于新西兰长期单一发展畜牧业，造成国民经济对畜牧业的严重依赖。随着世界经济形势的变化，其畜牧业出口时常遇到困难。为摆脱困境，新西兰已开始挖掘本国资源的潜力，注意发展石油化工、炼铝、炼钢、电力及林业等部门，以求向多样化经济迈进。

新西兰是一个四面临海的小国，拥有举世无双的自然景观和在南太平洋中的优越地理位置。新西兰的自然之美，没有人工润泽，充满原始风味。新西兰是一个到处充满天然观光资源的岛国，土地上布满了翠玉似的小山，有些还可以看出火山的痕迹，还有各种不同的蓝色海湾。在新西兰境内，有众多的热喷泉，水流湍急的大瀑布，成群聚居的动物，广阔的雪山山坡，景色壮观。此外，内陆还有许多宁静的湖泊，一望无际的草原以及数以百计的海水浴场，置身其中，让人有世外桃源之感，所以新西兰每年都有几十万游客入境。

新西兰牧场

胖子的王国：汤加

汤加与斐济是近邻，位于波利尼西亚群岛的西南部。汤加由173个岛组成，其中一半以上是无人岛，常年有人居住的只有36个岛。全国陆地面积747平方千米。各岛屿自北而南散布在茫茫大洋之中，大体

分东西两列，东列多为珊瑚岛礁，西列多为火山岛。汤加人民日出而作，日落而息，过着田园生活。由于电力供应不足，到了夜晚，万籁俱寂，到处黑黝黝的，就连首都多数街上也是漆黑一片。汤加少有工业，几乎听不到机器声，因此被称为世界上没有污染的国家。

汤加最大的岛叫汤加塔布岛，东西长30千米，南北宽10千米。其他还有埃瓦岛、哈派岛和瓦乌岛等岛屿。这些岛地势都不高，被称为“山”的地方，还没有椰树顶端高。由于海浪的冲刷、海水的长期腐蚀，海岸上有千奇百怪的岩洞，而且常常是洞中有洞，洞洞相通，洞外有天。浪涛汹涌拍岸，海水穿洞飞向空中，再从几十米的高处直泻而下，

倒挂的石钟乳

在阳光下炫目耀眼，非常绚丽壮观。尤其是瓦乌岛，许多鳞次栉比的洞穴，外面奇形怪状，里面奥妙莫测，是个地下迷宫。许多胆大的游客乘小舟钻进洞穴，到处可以看到挺拔的石笋、倒挂的石钟乳，以及各种姿态的石柱，冰清玉洁，璀璨夺目。

有个叫“燕洞”的，景色更是独特，简直就是个豪华的宫殿。阳光从洞口射入后，又被水面反射到高30米、周长60多米的洞壁上，呈现出五光十色的景象。一股股雾气袭来，真像到了人间仙境。

但是在游这些洞穴时，你千万别单独行动，因为这些本来就神秘莫测的溶洞，多数还是大蝙蝠的天堂。洞穴中生活着的千百只大蝙蝠，一旦惊飞起来，一片尖叫，横冲直撞，能把人吓得魂飞魄散。据传，有对新婚夫妇游玩时误入一个阴森森的洞穴，结果千百只大蝙蝠以为“敌人”入侵，对这对新婚夫妇突然发起攻击，把他们的眼珠、耳朵，手指都叼走了，新婚夫妇被吓死在洞穴里。这种大蝙蝠模样相当吓人，两翼伸开有1米多长。它们夜间飞出洞外，栖息在树上，一棵树上往往吊着上百只。天亮之后它们又会飞进洞穴，巢居在这些大海赋予的安乐窝中。这种大蝙蝠是世界珍稀动物，被列为保护对象。

汤加国徽的寓意

汤加国徽的主体为由六个黄色花冠组成的盾形，盾面上有五组图案：正中是一颗白色六角星，其中有红十字；左上方为三颗白色六角星，象征组成该国的三大主要群岛；右上方是一顶王冠，象征汤加王朝；左下方为一只衔着橄榄枝的白鸽，象征和平；右下方是三把剑，代表汤加历史上的三大王朝。盾形上端为由橄榄枝环抱的大王冠，象征汤加是一个君主立宪国家；两侧各有一面国旗，下端的绶带上写着“上帝和汤加才是我的遗产”。

汤加群岛的西列，多数都是火山岛，地势较高。这些岛屿中最大的是托富阿岛。岛上有座火山，海拔 1125 米，是全国的最高点。这座火山的形态保存得相当完整，可与日本富士山媲美。火山口积水成湖，湖面常年云雾缭绕。在托富阿岛以北的纽阿福景色宜人，而一些新生的火山岛又时隐时现，相当神奇。但这些可不是由人工雕琢而成的，而是因大自然的鬼斧神工，火山和地震的塑造以及海浪长年累月的雕刻所致。

火山岛风光

汤加王国已有 1000 多年历史，是一个经历了 4 个王朝的历史悠久的大洋洲国家。19 世纪英、美、德三国对汤加进行争夺，1900 年汤加沦为英国的“保护国”，直到 1970 年 6 月 4 日汤加才重新获得独立。

汤加地处赤道附近，属热带雨林气候。但由于海洋这个“大空调机”的调节，年平均气温 24℃，雨水很少，日照充分，十分适于椰子和香蕉生长。香蕉年产量达 5000 吨，大部分销往日本。在汤加，你只要花五角钱，就可买到 100 多支香蕉。

世界上大部分国家的女子一般以腰细、苗条为美，但在汤加，人们却认为身体越胖越美。在这里，要成为美女必须肥胖，脖子要短，不能有腰身，否则就得用布一圈一圈缠着胸脯，加以掩盖，曲线美在这里没有人欣赏。

据说，曾有个欧洲的歌舞团到汤加演出，漂亮的女演员们个个身

材修长，婀娜多姿。可是汤加人把这些美女叫丑八怪，认为难看死了，弄得这个歌舞团的女演员莫名其妙，百思不得其解。

汤加人都很肥胖，在街上几乎见不到骨瘦如柴的人。据统计，这里男子平均身高达 1.8 米，平均体重 81 千克多。女性平均身高 1.6 米，平均体重 72 千克多。

为什么汤加人会如此肥胖呢？科学家做过调查研究，认为这主要是长期以薯类为主要食物造成的。再加上终年气候温度舒适，汤加人又不喜爱体育活动，而且有日出而作、日落而息的生活习惯，睡眠时间过长，脂肪大量堆积，人不胖才怪呢。

去汤加旅游的人，都为那里居民的食量所惊叹。一个成年的汤加人一次可以吃一个数千克重的大馒头。有时一案筵席，会摆上 25 头烤猪、30 只烧鸡、数十只蟹虾和成堆的馒头和蔬菜。十几个人席地而坐，用手撕扯着就大吃起来。吃饭时鸦雀无声，按照汤加人的规矩，吃饭时说话是不礼貌的。

暮霭下的瑙鲁景色

汤加人民勤劳善良，十分好客，特别能歌善舞，因此汤加又被誉为“友谊之岛”。

长寿之国：斐济

斐济由 332 个岛屿组成，主要岛屿有维提岛和瓦努阿岛。其中仅有 106 个岛有人居住，而大部分岛屿由于面积小而无人居住。斐济位于南太平洋中心，南纬 15° ~ 22°，西经 177° ~ 175°。国际日期变更线贯穿其中。这条国际日期变更线在附近“弯曲”，正好使斐济群岛有了统一时间。由于斐济处在南太平洋的交通要冲，故有“南太平洋的十字路口”之称，地理位置十分重要。

斐济群岛的另一地理特征是众多的岛屿与隆起的海底。大大小小的岛屿呈马蹄状排列。构成西侧岛弧的是两个较大的岛——维提岛和瓦努阿岛，以及其他一些小岛。在这道岛弧的外侧，是如细碎花饰般的亚萨瓦群岛。构成东侧岛弧的拉

乌群岛由分布在达10万平方千米海域的许多小岛所组成，弧的内部是科洛海。

斐济的岛屿大部分为珊瑚礁环绕的火山岛，火山活动现在几乎已经停止。但火山运动的区域及其周围，留下了很多珊瑚类的海缘石组织。从这里的石灰岩以及各个岛的海岸形态来看，过去很可能是沉降后又重新自海中浮起的。由于岛屿周围有许多珊瑚礁，因此在近海航行十分危险。

美丽的万努来雾岛

万努来雾岛是斐济的第二大岛，面积约为大岛的一半，位于大东岛东北方海面上，与第三大岛塔妙妮岛统称为“北区”。黑色火山岩、白色沙滩、高山雨林与丰富的海底景观，这些万努来雾所拥有的自然资源构成了最佳旅游条件，岛上第二大城市莎雾是斐济最佳潜水场地之一，此外赏岛、登山健行、泛独木舟、风帆船等等，都是深受观光客喜爱的活动。

群岛中一些较大的岛屿上耸立着很多山，高度约在海拔1000米以上，但其中很多是人烟罕至之地。海岸地带面积不大，平坦中微微起伏。维提岛的托马尼韦山为全国最高点，海拔1324米。有几个大岛上有水量较为丰沛的河流，河水自内陆冲来大量沙土，在河口地带形成冲积平原。最大的河流是长130千米的雷瓦河。

斐济为热带海洋性气候，常受飓风袭击，这主要是受两个重要因素的影响：一是正好位于赤道与南回归线之间；二是岛屿漂浮在广大的洋面上。年平均气温24~30℃。

斐济群岛美景

降水量主要受起伏的地形左右，东及东南斜面湿气较大，西及西北的斜面较为干燥，苏瓦和楠迪的年平均降水量分别为2820毫米和1980毫米。一般降水集中于11月至翌年4月。

无土之邦：瑙鲁

在40多个岛国中，哪一个最小呢？答案就是1968年1月31日凌晨诞生的瑙鲁共和国。

瑙鲁是太平洋西部的一个岛国，位于密克罗尼西亚岛群南端的一个珊瑚小岛上，有“天堂岛”之称。这个太平洋上的岛国，位于赤道以南53千米，面积只有24平方千米。

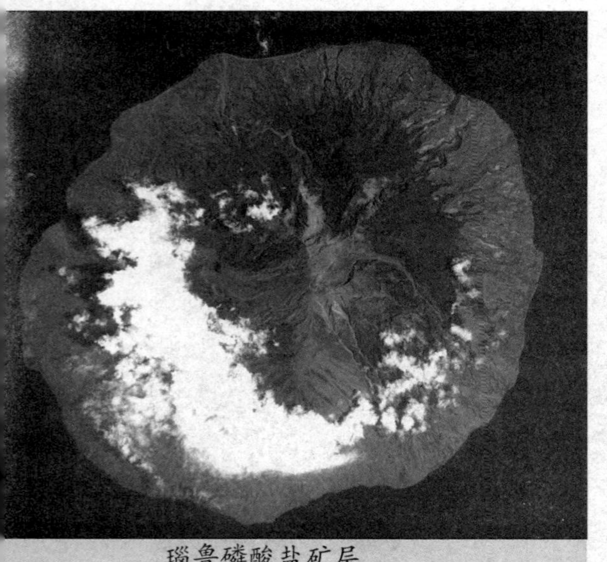

瑙鲁磷酸盐矿层

人口将近1.4万人，你要想在世界地图上找到它，恐怕是件难事。

瑙鲁的国旗也很有意思。一幅长方形的绸缎，深蓝色的底色中横镶着一条金色的条带，这就是瑙鲁的国旗。它形象地告诉人们，瑙鲁在碧海之中，赤道之上。条带的左下角缀有一颗十二角的星，表示瑙鲁早期聚居着12个民族部落。

瑙鲁国家面积不大，但它的国家机构却是“五脏俱全”的，有政府，有国务会议和最高法院。共和国的总统由国务会议任命，政府由总统和国务会议领导。它是英联邦成员国。

更有趣的是，观看国会开会，在瑙鲁被视为“娱乐节目”。任何岛民都可以随便进入会场，或坐或站，吃着香蕉听议员辩论。

从飞机上看瑙鲁，它就像是白金圈中镶嵌着的一颗绿宝石，美丽极了。那白金圈就是环岛堆积的白色珊瑚碎屑；那颗绿色的宝石就是岛上的树木和绿色作物。全岛的最高点海拔只有64米。

瑙鲁是世界上最富有的国家之一，财富超过了有“石油美元”之称的科威特。它的财富是从哪里来的呢？当然不是石油，而是每年大量鸟群飞到这里留下的鸟粪和鸟蛋。厚厚的鸟粪层经过地质时期的沉降

和抬升作用，变质形成了很有价值的磷酸盐矿，这真可谓粪土能成金。然而直到19世纪末，瑙鲁人才了解了这个满地是“金子”的秘密。

那是1885年，有个海员因航船出事沉没，漂到了瑙鲁岛上。他在海滩上捡到一块带有奇特纹路的石头。后来这个海员到了澳大利亚，把石头送给一位朋友作纪念。这位朋友是个化学家，对石头上的纹路发生兴趣，就敲下一块化验，发现这块石头是品位很高的磷矿石。后来这位化学家来到瑙鲁，要求开采磷矿。于是，这一秘密才被瑙鲁人发现。磷矿石从此成了一笔巨大的国家财富，但同时也引来了殖民主义者的纷争，给民族带来了灾难。

瑙鲁全岛面积的5/6覆盖着厚达6～16米的磷酸盐矿层，磷矿石含磷量高达37%，是世界上磷矿的重要产地。瑙鲁每年出口200万吨矿石，按每吨60美元计，共约1.2亿美元，这就是瑙鲁的国民生产总值。如果按人口平均，每人每年的收入高达1.5万美元，所以它成了世界上最富有的国家。

瑙鲁岛上，如今几百万只海鸟云集的景观已不复存在，只有一种被称为导航鸟的鲣鸟还聚集在这里。因此，岛上的鸟粪越来越少。

别看瑙鲁在汪洋大海之中，岛上却没有河流湖泊，最缺乏的是淡水。人们基本靠天上的雨水生活。珊瑚岛的地层是透水层，雨水虽多但很难储存，而是全部渗透到海里。因此瑙鲁家家户户门口放着一排排比浴缸还大的贝壳，它们不是装饰品，而是用来积存雨水的。

即将消失的岛国：图瓦卢

图瓦卢是中太平洋南部的一个岛国，邻斐济、西萨摩亚、基里巴斯，由9个西北－东南向的环形珊瑚岛群组成，其中8个岛有人居住。都属珊瑚岛，高度不超过海拔5米，周围多暗礁。

图瓦卢位于中太平洋南部，在国际日期变更线西侧。由9个环形小珊瑚岛群组成，其中8个岛有人居住，垂直高度不超过海平面5米，富纳富提为主岛。海岸线长15英里。无河流。属热带海洋性气候。年平均气温29℃。年平均降水量3000毫米。陆地面积26平方千米，水域面积约130万平方千米。居民信奉基督教。

图瓦卢人世居岛上。图瓦卢意为“八岛之群”，因九岛之中，其一无人居住。群岛多湖，故又称湖群岛。

图瓦卢风光

图瓦卢的灾难

从1993年至今为止，图瓦卢的海平面总共上升了9.15厘米，按照这个数字推算，50年之后，海平面将上升37.6厘米，这意味着图瓦卢至少将有60%的国土彻底沉入海中。因此，图瓦卢现在已经随时面临着被大海淹没的危险。所以很早之前，图瓦卢就准备举国移民。他们的首选自然是澳大利亚和新西兰。但如果接受图瓦卢的移民，就间接承认全球变暖。所以，澳大利亚和新西兰等国进退两难。现在，图瓦卢还有一些人未移民。

1568年，葡萄牙探险者门达尼亚·德·内拉发现该群岛。1819年，英国船长A.德佩斯特远航抵此，即以船主埃利斯之名命名该群岛。1821～1870年，欧美人来此捕鲸，收购椰干、椰油，继而以招募劳工为名进行贩卖奴隶活动，将岛民送往斐济、萨摩亚和夏威夷等地的种植园做工。1877年，英国将群岛置于英驻西太平洋高级专员管辖之下。1892年。英国宣布该群岛为英保护地。1916年，该群岛成为吉尔伯特和埃利斯群岛殖民地的一部分，仍在英驻西太平洋高级专员管辖之下。1942～1943年，日军占领吉尔伯特群岛期间，该殖民地的行政中心曾由塔拉瓦南迁富纳富提。战时，美国在富纳富提建立空军基地。战后，图瓦卢人民要求自治。1972年11月，英国指派一委员会就此问题进行研究。1974年8月和9月，埃利斯群岛举行公民投票，90%以上的岛民赞成与吉尔伯特群岛分治。1976年1月完全脱离吉尔伯特和埃利斯群岛殖民地。埃利斯群岛恢复图瓦卢原名。1977年8月，进行议会选举。1978年6月，实行内部自治，同年10月1日宣告独立，为君主立宪国。独立后，图瓦卢为英联邦的联系国。英国向其提供财政援助。1979年4月，与美国签订友好条约。奉行与所有国家友好合作政策，优先发展与南太平洋论坛国家的关系。

第四章
魅力天成的海岛

在烟波浩渺的海洋中，散布着数以万计的海岛，它们有的被厚厚的冰雪覆盖、有的布满奇形怪状的岩石、有的上面是郁郁葱葱的雨林、有的火山还在喷发……海岛，浑然天成、多彩而奇异。让我们通过本章的内容，一起去认识海岛，一睹它们面纱下的芳容吧！

第一节 初识海岛

走进海岛

海岛是被海水包围的小块陆地的泛称。在我国沿海，大多数称其为岛，少数也称为屿、山、沙、洲、礁，个别的还有称为岙、岩、矶、峙、坨、塘等。

海岛对于人类生活，特别是涉海活动来说，有着非常重要的意义，因此被人们誉为“海上明珠”。然而，全世界到底有多少个这样的“海上明珠”，到目前为止，还没有统一的数据。由于世界各国的统计标准、统计方法有所不同，以至于统计的数目也存在差异。部分国家尚未公布过岛屿数量，这就给准确统计海岛数目造成了一定的困难。从已统计或估计的情况看，岛屿最多的国家是挪威，超过了 15 万个；印度尼西亚也有 1.36 万个。其他海岛在1000个以上的国家还有：菲律宾、中国、芬兰、英国、古巴、日本、越南、韩国、希腊、马尔代夫等。

海岛及其周围蕴藏着丰富的生物、矿产、空间和旅游资源，是沿海各国经济和社会可持续发展的重要保障。所以，海岛又被称为“战略国土”，在国家政治、经济和国防安全中具有极为重要的战略地位。

风景优美的海岛

有趣岛国

北美洲加拿大东岸的小岛“世百尔”，是个有名的“磁岛”。没有任何花草树木，没有动物，只有磁铁矿。当轮船驶近，仪表就会失灵，甚至会被小岛吸去，触礁沉没；印度洋塞舌尔群岛中的“蛋岛”，面积只有40公顷，每年夏季都有海燕成群飞来，配偶、产蛋、繁殖，有一年曾产蛋415.5万只，岛上居民甚少，以拣蛋为生，这些鸟蛋在国际市场上享有盛名；欧洲芬兰有一个叫晋郎格尼的“火岛”，因岛四周的海草被巨浪冲到岸上，日久腐烂，产生大量沼气，时不时遇上火种，就遍岛燃烧。

1982年《联合国海洋法公约》出台，岛礁价值随之出现了“茶壶盖”效应，也就是说岛礁虽小，但与茶壶盖的顶把一样，能够牵出巨大的“茶壶盖”。《联合国海洋法公约》规定，海岛是确定领海基线的重要依据，是划分领海、专属经济区和大陆架的重要基点。海岛在国家海洋权益中的作用不容忽视。

除此之外，每个海岛都是一个独立而完整的生态系统。海岛面积狭小、地域结构简单、生物多样性较少等特征，决定了其生态系统非常脆弱，我们有责任保护海岛生态系统，因为这对国家生态系统安全、抵御自然灾害都有重大意义。

五花八门的海岛名称

通常，海岛在词典中的定义为：海洋中四周被海水包围的陆地。但是海岛的高低、大小存在差异，并不是所有四面被海水包围的陆地都是海岛。从高低方面来看，最高没有规定，世界上最高的海岛——新几内亚岛的最高点达5030米，而最低却有规定，至少应该在大潮高潮时露出，即永久露出海面的陆地才叫海岛。时而露出海面，时而被海水淹没的陆地并不是海岛，而是礁石或浅滩；从面积大小方面来说，最大的是：澳大利亚大陆及更大的陆地称为“洲”，格陵兰岛及更小的陆地为岛，最小的并没有统一的标准。我国在海岛统计时，面积大于500平方米的才叫岛屿，小于500平方米的，则是礁石或浅滩。

许多海岛都有名称，但也有大量的无名小岛。已命名的海岛，其地理通名因各地区的语言、文字的不同而有所区别，如韩国有

海边礁石

do：济州岛为 cheju-do，印度尼西亚和马来西亚有 palau：安汶岛为 Amban，palau，纳闽岛为 Labuan，pulau，科威特有 Jazirat，布比延岛为 Būbíyan Jazirat 等。最多的是英文 Island，如中途岛为 Midway Island，威克岛为 Wake Island，还有一些岛干脆没有地理通名，如关岛为 Guam，新喀里多尼亚岛为 New Caledonia 等。

中华民族的古老奇书之一《山海经》中，就有海上“蓬莱、方丈和瀛洲”三座仙山的神话传说。这里的仙山，实际就是海岛。它反映了古代大陆居民对海岛的神往和想象。

岛屿最多的国家

世界上岛屿最多的国家是印度尼西亚，共辖有大大小小岛屿1.7万余个，其中有人长住的岛屿就有6000多个，被称为“千岛之国”。该国的国土面积190万平方千米，大约为我国国土面积的1/5，但海岸线总长度达8万余千米，是我国大陆海岸线长度的4倍。菲律宾的国土面积不足30万平方千米，但包含大小岛屿也多达7100余个。

唐代徐坚编撰的《类书》中说

“海中山曰岛，海中洲曰屿”。宋代徐兢撰《宣和奉使高丽图经》中，有六卷关于海上岛屿的记载。书中说“海中之地，可以合聚落者，则曰洲；小于洲而可居者曰岛；小于岛者曰屿；小于屿而有草木则日苫；而质纯石，则曰礁”。显然，随着时光流逝，古代这些关于岛屿的称谓和含义，和现代字典中的解释并不完全一样了。

按现代地球科学概念，岛屿是海洋中被水环绕面积比大陆小的陆地，也指湖泊、河流中被水环绕的陆地。一般把较大的称为岛，较小的称为屿（英文“岛”为Island，意思是水包围的陆地；“屿”为Islets，意思是小岛）。从中国近海海岛名称来看，不论大小，多数称岛，就连南沙群岛中面积仅0.04平方千米的费信岛（其面积仅为厦门鼓浪屿的1／47），也称之为“岛”。而称屿的小岛主要见于闽、台两地，如福建的鼓浪屿、乌丘屿、兄弟屿、草屿，台湾的东吉屿、将军澳屿、兰屿等。由此可见，如果说屿与岛有大小之别，不如说屿主要是地方称谓。

实际上，由于岛屿成因不同，组成物质和地貌特征不一，以及各地方言差异，所以表达岛屿的词汇很多。我国南方沿海，特别是浙江等地多把岛称为“山”，倒是切合“岛字从山”，它们也确实是海中之山。如浙江的普陀山、大洋山、王盘山，

厦门鼓浪屿风光

湘江的橘子洲

香港的大屿山等。个别地方还有把岛称为岩、岙、矶、峙、坨、塘等。如山东的长门岩、广东的针头岩、浙江的盘峙、走马塘、雀儿岙等。还有把泥沙堆积的岛屿称为“沙”或“洲”，如长江口横沙，古时的胡逗洲。在河北，人们把一些泥沙岛称为“坨”，如石臼坨等。南海珊瑚岛还有“滩”“礁”，把群岛称“沙”。

岛屿的称谓尽管反映了丰富的地域文化，但常常出现名不符实的混乱现象。随着现代海洋和现代海岛意识的增强，这种情况势必影响国家对海岛国土的管理和开发。如何制定科学、准确、规范的海岛术语，已经引起国家高度重视。

世界上一般把大的陆块与周围的岛屿称为“洲”，有欧洲、亚洲、非洲、北美洲、南美洲、大洋洲、南极洲七大洲。在汉英对照字典中，“洲”字对应英语 continent，是大陆之意。显然，中文“洲”属于多义词，既指大的陆块，也指河流中的小岛，如湘江的橘子洲。

海洋面积占地球表面积的70.8%，陆地面积仅占29.2%，而且大陆也分成若干块。也就是说，大陆也是被海水包围着的。难怪美国著名地理学家 H.W. 房龙说，从某个角度看“地球上所有的人全都居住在岛屿上”。他还感叹“不知道关于大陆和岛屿的这些纠缠不清的问题是如何产生的”(《地球的故事》)。那么，到底多大的陆块为洲，多大的陆块算做岛呢？有一个划分界限或标准吗？我们只能说，世界公认澳大利亚是地球上最小的大陆，格陵兰岛是最大的一个岛屿。澳大利亚大陆面积(768.23 万平方千米)大约是格陵兰岛(217.56 万平方千米)的 3.5 倍。显然这种划分只是个权宜的界定而已，无须科学理由。

我们还常看到“群岛”和“列岛”之称。群岛是指彼此相距很近，成群分布的许多岛屿总称，最小的群岛起码要有 3 个海岛；列岛是具有线(链)形或弧形排列分布的群岛。但在实际命名中也不是很严格，如浙江的台州列岛、韭山列岛等诸

多列岛，并没有明显的线形排列特征，实际就是一般的群岛。在规模较大的群岛中，往往又在不同范围称为群岛，甚至出现若干级大群岛套小群岛，如舟山群岛中还有崎岖群岛，同时还分出嵊泗列岛、火山列岛等。国外群岛中这种情况更是屡见不鲜，如琉球群岛南部，又有次级的先岛群岛，而先岛群岛又分再次级的宫古群岛和八重山群岛。在马来群岛地名中，出现了更多级的群岛之称。

面积最大的群岛

世界上面积最大的群岛是马来群岛，散布于太平洋与印度洋之间的广阔海域，分布范围南北约3500千米，东西约4500千米，是由大大小小十几个群岛的2万余个岛屿组成，岛屿总面积达243万平方千米，包含印度尼西亚、菲律宾、文莱、东帝汶等多个国家，以及马来西亚、新加坡、巴布亚－新几内亚等国的部分领土。

在谈到岛屿时，还常常看到“岛弧”一词。岛弧主要是地质学术语，系指呈弧形排列的群岛，它们与海沟相伴生，多火山和地震，是板块俯冲形成的。千岛群岛、日本群岛、西印度群岛等，都属于岛弧，但在地理名称上并不缀“岛弧”二字，只在讨论它们成因的科学论著中才提起岛弧之说。

海岛的星罗密布

综观海岛的分布情况，世界海岛的分布有几个显著的特征：一是分布的广泛性，即世界各大洋及其属海中几乎都分布有海岛；二是分布的不均匀性，大多数海岛集中在北半球，尤以欧、亚、北美三大洲的沿岸为多，更为集中的是挪威沿岸、东亚沿岸、东南亚、加拿大北岸、北美洲西岸北段。南半球以南美洲西岸南段最为集中。大洋岛屿则主要集中在太平洋中部，其他大洋相

海岛群

对较少；三是多数岛屿成群分布。其分布有以下四种类型。

1. 大陆沿岸岛屿

大陆沿岸岛屿分布很不均匀。有的大陆沿岸岛屿很少，如非洲沿岸，有的岸段甚至没有岛屿。有的岛屿孤立在岸边，也有的散布于近岸。但大多数密集分布于岸边，如挪威海岸的直线距离仅2000余千米，岸外却密集分布着15万个岛屿。东亚朝鲜半岛西岸、中国东岸和越南北部沿岸的岛屿也达1.4万多个。

2. 近海群岛

这种群岛离大陆海岸有一定的距离，但仍分布在大陆架或大陆坡上，多属大陆岛，但也有火山岛。此类群岛通常数量较多，面积较大，如马来群岛数量有2万多个，总面积达220万平方千米。又如不列颠群岛的数量也达5000多个，面积达31万平方千米。此类群岛中规模略小的还有北冰洋的斯瓦尔巴群岛，南大西洋的马尔维纳斯群岛（福克兰群岛），非洲海岸外的马德拉群岛、加那利群岛和佛得角群岛等。

琉球群岛美景

3. 岛弧

岛弧位于大陆板块与大洋板块之间。它的形成是由于海底不断扩张，大洋板块与大陆板块相互碰撞，陆块受挤压上拱、隆起而形成弧形排列的群岛。因此，岛弧的基础是大陆板块，通常属大陆岛，但也有在两大板块碰撞时，地壳产生激烈活动，发生火山爆发，火山喷发物如熔岩堆积成火山岛的，如千岛群岛、琉球群岛、马里亚纳群岛中的火山岛。

千岛群岛名称的由来

千岛群岛的名字译成英语是KurilIslands，Kuril源于阿伊努语中的Kuril，意思是“云”“雾”，意思是“烟雾弥漫”。而日本人则称“千岛列岛”，意思是“一千个岛屿”。岛上的火山很多，时常喷发形成烟雾迷漫的景象。而

群岛所在的海域也是大雾漫漫，常常笼罩在深沉的雾霭之中，同火山喷发，冒烟现象结合在一起，自然更是烟雾弥漫了。大概岛的名字就来源于此吧！

岛弧主要分布在太平洋。最著名的是“东亚花彩列岛”，南北伸展9500多千米，有岛屿1.1万多个。从日本岛弧向南又延伸出伊豆—小笠原岛弧、马里亚纳岛弧、雅浦岛弧、帕劳岛弧，在菲律宾与“东亚花彩列岛”汇合。然后再向东南延伸出新几内亚岛弧、新不列颠－新爱尔兰岛弧、所罗门岛弧、新赫布里底岛弧、汤加岛弧、克马德克岛弧、新喀里多尼亚岛弧、新西兰岛弧。在太平洋和印度洋交界处附近还有苏门答腊－爪哇－努沙登加拉岛弧。印度洋有安达曼海西侧的安达曼－尼科巴岛弧。北大西洋有加勒比海周围的大、小安的列斯岛弧。南大西洋有南美洲以南的南桑威奇岛弧和南设得兰岛弧。

岛弧位于大陆边缘和大洋的结合部，是边缘海进出大洋的跳板，是大陆的天然屏障，历来为军事要地。

4. 大洋岛屿

远离大陆、散列于大洋中的岛屿，亦称“外洋岛屿”，多为海洋岛。

珊瑚虫

大洋岛屿中的火山岛多为单个火山喷发而形成，分布缺乏规律性。珊瑚岛的分布主要集中在南、北纬度20°之间，因为珊瑚虫是一种喜温动物，只生长在热带和亚热带海域。

大洋岛屿以太平洋分布最广。其中部偏西的广大海域中，自西而东分布有三大群岛：美拉尼西亚、密克罗尼西亚和波利尼西亚，由一万多个岛屿组成。其中美拉尼西亚靠近澳大利亚大陆和新几内亚岛的多为大陆岛，其他多为海洋岛。波利尼西亚中的夏威夷群岛是著名的火山群岛，其他多为珊瑚岛。密克罗尼西亚几乎都是珊瑚岛。

印度洋中的大洋岛屿较少，面积也较小。西部有马斯克林群岛为火山岛，塞舌尔群岛部分为火山岛，

其他为珊瑚岛；中部有马尔代夫群岛和查戈斯群岛，均为珊瑚岛；东部的科科斯群岛为火山岛和珊瑚岛；南部散列着克罗泽群岛、爱德华王子群岛、凯尔盖朗岛、赫德岛等为数不多的大洋岛屿，均为火山岛。

大西洋中的大洋岛屿也不多。北大西洋中部的亚速尔群岛为火山群岛，西部的百慕大群岛为珊瑚群岛；南大西洋中部几乎无群岛，只有特里斯坦－达库尼亚群岛，规模也很小，仅由特里斯坦－达库尼亚岛、夜莺岛和戈夫岛等岛屿组成；其他为几个孤立的岛屿，有阿森松岛、圣赫勒拿岛、特林达迪岛和布韦岛等，均为火山岛。

海上明珠的产生和消亡

海岛和山川一样，并不是永恒不变的。它们也好像有生命，经历着产生和消失的过程。

现存岛屿的寿命大小不一，长短差异悬殊。马达加斯加岛大约 1.4 亿年前就与非洲大陆分离了。日本四岛在中生代晚期、新生代初期与大陆分离，年龄有七八千万年。大陆架上的大量岛屿在末次冰期时，都与大陆连在一起，冰后期才变成现代的岛屿，年龄在 1 万年左右。一些河口、海岸泥沙堆积岛屿是在全新世后

火山岛

海岛中美丽的珊瑚

期形成的，年龄只有千年左右，如崇明岛出现距今有1300余年。还有些海岛的产生就是近代才发生的事。1963年，一艘渔船正在冰岛西南部海域捕鱼时，目睹了海底火山爆发和一座小岛诞生，这个小岛后来被命名为苏塞特岛，到2013年它的年龄才60岁。

那么，有哪些因素影响岛屿的产生与消失呢？

海平面升降可能是对岛屿影响最大的因素。第四纪以来的200多万年时间里，地球气候冰期和间冰期频繁交替，极地冰盖的加厚和减薄，控制着海平面升降，变化幅度可达130～150米。当海平面下降时，大陆架上的大部分岛屿与陆地连在一起；而当海平面上升时，它们又再次与大陆分离，成为海岛。据研究南黄海钻孔的海洋沉积物和陆地沉积物的互层结构发现，我国东部陆架在100万年以来，有8次海水进退，那么沿海的大多数基岩岛屿都经历了几个生命的“轮回”。在大洋上的岛屿，如果也在海平面升降波及范围，也会有同样的命运，或者是海拔高程的变化。20世纪以来，由于温室气体大量排放，气候变暖，海平面上升，大量珊瑚岛可能在几十年甚至几年内，就面临被淹没的危险。太平洋小国图瓦卢竟因此举国搬迁，印度洋上的岛国马尔代夫也有搬迁预案。

地壳也是在不断运动的，有时

断陷活动形成洼地，使海水侵入，把某块陆地与大陆断开成为海岛。如大不列颠岛原来是欧洲大陆的一部分，中新生代北海陆架盆地和英吉利海峡的陷落，使其变成海岛。在西太平洋区域，发现很多平顶海山，也叫盖奥特。研究发现，它们曾经是海岛，海洋的侵蚀作用把岛屿的山地夷平，最后沉入海中。板块学说给这种现象很合理的解释，大洋中脊裂谷不断喷溢出岩浆，冷却后形成新的洋壳，并推动大洋地壳向两侧推移,并且地温逐渐下降，随之海水深度也增加。洋底的一些海山正是在这样的移动中，高度不断降低，最终沉入海中。

在河口和海岸带，因水动力的冲刷和堆积作用，往往很快有新的泥沙堆积岛屿出现，原来的岛屿不断改变形态、位置乃至消失。黄河口、长江口以及其他河口的地图都是变化最快的，对照相隔几年出版的地图，就会发现这种情况。现在的南通市区、营口市区，原来都是河口沙洲岛，后来成了大陆的一部分。水动力的冲刷使松散堆积的海岸后退，而把海岸平原上的孤山留在那里，沦陷于海成为岛屿。如杭州湾里的大金山、小金山、王盘山等就是实例。而在泥质堆积旺盛的海岸带，海岸向外淤涨扩展，也会把原本海中的岛屿包围到陆地平原之中。如连云港市的云台山，明朝时还是海岛，清朝时归于大陆。在砂砾质海岸带,堆积并不十分旺盛。在靠近大陆的海岛,由于浪影效应，往往在狭窄的海峡形成一道天然的沙坝，把岛屿与陆地连接起来。山东烟台市的芝罘岛就是“陆连岛”的精彩例子。

烟台市的芝罘岛

火山岛经常突然并短暂地爆发，不但会很快出现新的岛屿，而且往往破坏原来的海岛，或者改变岛屿的形态。这样的情况也屡见不鲜。如印度尼西亚的喀拉喀托火山，常常猛烈爆炸，使海岛大变其身。白令海的博戈斯洛夫火山岛，从1796年到1906年，其面貌竟有五变。

博戈斯洛夫火山岛

博戈斯洛夫火山岛位于阿留申群岛的乌姆纳克岛北约40千米的白令海中，是一个活火山岛，高于洋底约1600米。自1796年以来，海面上先后出现火山锥，其后由于火山喷发并受海蚀作用影响，6个新火山岛曾多次在海面消失又再度出现，最后形成两个新的小岛。

地震可以引起山崩地裂，也可能使海岛发生变化。1923年9月日本东京大地震，附近有几个小岛升高0.6米，另有几个小岛沉入海底。2004年，印度尼西亚在地震海啸过程中，亚齐亚省就有4个小岛消失了。

冰川有巨大的侵蚀和掘蚀作用，在北欧和北美北部大陆架上，出现许多切入海底几十米甚至100～200米的冰川谷。加拿大北部、斯堪的纳维亚半岛、智利南部海岸带地形破碎，多峡湾和岛屿。有许多岛屿在遭受冰川作用前，完全是大陆的一部分。在遭受冰川作用后，海平面上升，海水沿冰川谷入侵，使它们变成与大陆脱离的岛屿。

还有些岛屿的演化非常复杂，往往是几种因素综合作用的结果，在海陆沧桑的舞台上演出了更加多彩的剧目。

第二节　海岛趣闻

鸡蛋传情的异国婚礼

烟波浩渺的印度洋和太平洋之间有一个由上万大小岛屿组成的“万岛之国”——印度尼西亚，爪哇岛是这万岛之国中的第四大岛。四面环海的爪哇岛上河流纵横，风光旖旎，得天独厚的地理环境孕育了独特的风土人情，尤其值得一提的是

爪哇岛美景

当地流行的一种有趣的婚俗。据说，新婚当天，新郎要迎娶到新娘，必须得先过一道坎。这时，新娘家的人在新郎面前摆个银盘，盘中放一个生鸡蛋，新郎要当众赤着脚踩破它。只有踩碎了鸡蛋才表示新郎永远爱新娘，哪怕粉身碎骨也不变心。新郎踩完鸡蛋后，新娘便面带笑容，跪地取水为新郎洗脚，以表示感激和服从。最后，一对新人在大家的祝福中结伴而行，成为夫妻。

爪哇岛

爪哇岛位于印度尼西亚，南临印度洋，北面爪哇海，印度尼西亚首都雅加达则位于爪哇岛西北。爪哇岛是世界上人口最多，也是人口密度最高的岛屿之一，全岛面积 12.67 万平方千米，四面环海的爪哇岛，属热带雨林气候，没有寒暑季节的更迭，年平均气温为 25~27℃，雨量充沛。得天独厚的自然条件使岛上热带植物丛生密布，草木终年常青，咖啡、茶叶、烟草、橡胶、甘蔗、椰子等物产丰富。

有意思的是，在靠近印度尼西亚的马来西亚，当地人的婚礼也少不了小小的鸡蛋。根据马来西亚传统，结婚仪式前，新郎要安排一群盛装打扮的孩子组成热闹的队伍给新娘赠送礼物，这些包括丰盛的食物和钱的礼物装在动物与花卉形状的托盘里。每位参加婚礼的来宾都会获赠一个装饰精美的鸡蛋，据说这个鸡蛋是生育的象征。

海岛结婚拜龙王

在现实中，海龙王形象及其象征意义深深地影响着渔民的思维方式和生产实践。从孩子出生拜谢龙王，到婚礼拜堂时供奉龙王，龙王几乎无处不在，见证着渔家人的幸福喜庆。

清朝光绪年间，舟山一些小岛盛行“拜龙王”婚俗，这是海岛拜堂习俗的特殊礼仪。据说，新人拜堂前，举行婚礼的大堂上要摆设一个龙王神位。神位前点上三炷香，一对雕刻金龙的大红蜡烛立于神位两旁，燃烧的蜡烛左右还放着两只斟满了酒的酒盏。拜龙王仪式是在新人拜完天地后举行的。这边，赞礼者唱着“银烛辉煌金花红，拜谢龙王做媒翁。龙凤参生龙凤子，他年攀住步蟾宫”的拜龙王歌，那边新人应和着歌声，叩拜龙王。婚礼即将结束时，还会有“送龙王”的

仪式。这时新郎新娘不仅要拜送龙王，赞礼者还要高唱“龙王头上一盏灯，香烟袅袅透天庭，夫妻双双齐来拜，保佑家门多昌盛”的送龙王歌。最后，伴随着鼓号鞭炮齐声鸣响，大家欢送龙王回龙宫。送走龙王后，礼仪并没有结束，接下来的第三项程序就是“抱龙灯”。这龙灯在婚礼一开始就悬挂在龙王神位的上空，送走龙王后，赞礼者将画着金龙图案的两盏纱灯取下来，由新娘新郎各抱一盏，双双步入洞房，当然，这时新人抱灯入洞房的歌声依旧是不可或缺的。就在这欢乐的“抱龙灯”歌声中，新郎新娘终于在众人簇拥下抱灯入房。不一会儿，女宾们也涌入房间，大家齐声唱赞礼歌曲。在一片嬉笑声中，人们把大把大把的红枣、桂圆撒在新娘身上，祝福新人早生贵子、子孙满堂。在吴越海岛上，新人拜龙王这个婚俗曾经相当流行，但如今已有很大改变，年轻人崇尚自由择偶，婚礼仪式也已大大简化。

海龙王形象

马尔代夫的椰壳多尼船

马尔代夫人是海的宠儿，更与椰子树有着千丝万缕的联系。很久以前，为了生存，智慧的马尔代夫先人们，就地取材，用椰子树造船，这就是马尔代夫传统的多尼船。多尼船解决了群岛之间的交通问题，是先住民因地制宜发明创造的最初的交通工具，同时还是他们下海捕鱼的好伙计。多尼船通体都是从椰子树上取下来的材料。从船体到缆绳，从船帆到桅杆，到造船用的钉子，都是椰子树身上的东西，难怪人们都习惯叫它“椰子船”呢！多尼船主体完工后，要用传统的鱼油把船浑身上下涂抹一遍，以防腐蚀。

多尼船除了造船材料独特外，在驾驶的过程中也很有讲究。多尼船航行的方向是船长单脚操控的，就是说多尼船的前进、转弯、倒退都掌握在船长的一只脚上。为此，多尼船的船长一定要具有十分丰富的航海经验，特别是要有高超的对方向的敏感度，适时掌控好船的航行方向和定位。只有这样，才能保证岛与岛之间的交通安全尤其是出

海作业的顺利进行。

一舟一民族，一船一国家。很多年过去了，和多尼船牵手一路走过来的马尔代夫人对椰子树的崇拜经久不衰，且历久弥新。如今，到马尔代夫，在岛屿饭店之间、游客观光航线上仍随处可见多尼船的身影。而在马尔代夫的国徽上人们可以赫然看到有一棵郁郁葱葱的椰子树，这是马尔代夫人对椰子树表达敬爱的方式。

巴厘岛火葬

据说，巴厘岛上有个奇特的丧葬习俗，就是在人死后要举行庆祝式的葬礼。因为巴厘岛人认为死者的尸体如果未经火葬，那么灵魂会给人们带来厄运，所以当地人都会给死者举行隆重的火葬仪式。根据岛上的习俗，认为人死后的灵魂要经过 42 天才能离开躯体，因而火葬一般在人死后第 42 天举行。

在火葬前，死者的家人一般暂把尸体埋于地下，等一切筹备就绪，才将尸体挖出放入牛、狮、鸟、莲花等形状的棺木内，然后将其放在特制的塔形木架上。火葬的前一天，死者的家属会穿上美丽的服装，聚集在一起沿路游行。晚上，一场盛大的娱乐晚会便拉开帷幕，人们跳着舞，唱着欢快的歌，在欢声笑语中等待第二天的到来。正式火葬时，

多尼船房屋

巴厘岛风光

男人们负责抬尸体，女人们拿着从寺庙带来的圣水，大家排列成葬礼队列，由祭司领着向前行进。葬礼的队伍必须走得弯弯曲曲，据说这样可以避开凶神恶煞。进入火葬场后，祭司开始大声念道祷词，妇女们将带来的圣水洒在尸体上。等到夜幕降临，焚烧仪式开始了。只见一片熊熊的火光映红了夜空，人们奏响乐曲，兴奋地进行争夺死者棺木的拔河赛，拔河的一方代表恶魔，另一方代表天使，最终胜利的也总会是天使。

但是，整个火葬典礼，并不见死者的家属过分哀伤，这是因为巴厘岛人认为过分悲伤会妨碍死者升天，大家更愿意用欢乐的方式送走死者。等到尸体化为灰烬，家人便将骨灰收集起来，装入椰子壳内，抛入大海，整个葬礼结束。每隔十年，巴厘岛还会举行大规模的集体火葬。这时，岛上的所有坟墓都将清理，所有的尸体骨骸将被集中到一起火化，相传这样可让那些不安的灵魂安息。

沙门岛上话烽火

烽火与狼烟是同义词，它是古代边防报警的一种烟火信息。长岛古称沙门岛，与登州(今蓬莱)在地域组合上，早已形成了唇齿相依的关系，特别是在军事与交通上，互

为依托，庙岛塘曾是登州的外港。

长岛

长岛是中国唯一的海岛国家地质公园、中国十大最美海岛、最佳避暑胜地和国家级重点风景名胜区，冬暖夏凉、气候宜人，素有“海上仙山、候鸟驿站”之美誉，长岛县大气环境质量达到国家一级标准，空气中每立方厘米负氧离子含量高达 2 万个，是天然的“氧吧”；长岛历史悠久，民风纯朴，岛上人文历史遗迹众多，有距今 6000 多年被誉为“东半坡”文化的大黑山北庄遗址，是中华民族悠久历史文化的重要发祥地之一。

那时，北方的契丹、海上武装的红胡子，都曾南下侵扰，在岛上烧杀抢掠。到明代嘉靖年间，海上倭寇在胶东沿海成为一大外患。“倭寇连年侵犯中国，南自闽浙，北至登州，皆被其害”，倭寇的猖獗，殃及登州和胶东沿海。所以明代的胶东一带成为调兵遣将、增设卫所、强化加巩的海防重地。登州卫借助列岛这一海上犄角，先后在大黑山岛、庙岛、南长山岛等显赫的山头上，设立烽火台，成为当时的海防“情报站”。因此，大黑山岛的烽台山、南长岛的烽山便以此而得名。

人们常说，“烽火狼烟”是因为燃烧的是狼粪。其实不然，且不说岛内没有狼，自然没有狼粪，只说边关要塞，也无大量的狼粪可以供燃。那么“烟”与“狼”有什么

南长岛

关系呢？据专家考证，古代的匈奴、突厥、吐蕃等少数民族，以狼为图腾，其军队被称为“狼兵”，军队首领被称为“狼主”，而报警的烽火，则被称为“狼烟”。我们常说侵略者有“狼子野心”，其实它是北方入侵者的代名词。所以，大凡与“狼”有关的词语，如“狼子野心”“狼兵”“狼烟”“狼烟四起”，都是出之一辙的军事术语。当时沙门岛的烽火台，高约20米不等，呈圆锥形，用石英岩块堆砌而成。下部内空，上部似囱，立于高山之巅，烽火台在目力所及的岛上，岛岛相连、远观醒目。当海上有警情时，此岛烽烟滚滚，彼岛狼烟呼应，因此兵民便处于战备抵防之状。近在咫尺的登州卫，当收到海上报警时，可及时布防，或出击，或固守，或疏民，做到积极主动，有备无患。它就像抗日战争时期民兵游击队用的“消息树”一样，树立则平安，树倒则有患。烽火狼烟，是古代军事通讯形象而直观的情报站。

圣卢西亚岛的独特风情

在加勒比海东部小安的列斯群岛的向风群岛中部，有一个不大引人注目的小岛，它就是圣卢西亚岛。每当天气晴朗的时候，在它北面的马提尼克岛用普通的望远镜就可以看到它。当年哥伦布航海来到加勒比海的时候，相继发现了牙买加、巴哈马、古巴、海地，以及波多黎各等众多岛屿，可不知为什么却没有发现圣卢西亚岛。

加勒比印第安人世代居住在这个岛上，距今已有800多年的历史了。1651年法国殖民者占领了这个岛，1664年英国殖民者又取而代之。在此后的50年里，英、法殖民者长期争夺圣卢西亚岛，两个殖民主义势力交替占领该岛达14次之多。1814年，圣卢西亚岛沦为英国殖民地。1967年3月圣卢西亚岛实行内部自治，并成为英国的一个联系邦。1979年2月22日，圣卢西亚岛正式宣布独立，成为加勒比海东部的一个岛国。圣卢西亚岛面积有616平方千米，人口13.3万，首都是位于岛北部的卡斯特里，人口约5万。岛上人口的90%以上为黑人，其余为混血人和很少的白人与印度人，官方语言为英语。圣卢西亚岛长期受英、法两国的殖民统治，当地人讲的英语中带有浓重的法语味道。

圣卢西亚人的生活充满了欢笑，他们还拥有一种善于夸张的幽默。在圣卢西亚中部城市苏夫列尔附近

圣卢西亚岛

有一座叫吉米山的火山，当地的旅游协会称之为“世界唯一的活火山”。其实，那里不过是几个冒泡的热泥浆池。当地人还声称苏夫列尔是拿破仑的妻子约瑟芬皇后的出生地，却又说约瑟芬在她幼年时就随家人一起离开了圣卢西亚岛。其实，拿破仑的妻子约瑟芬皇后是出生在圣卢西亚岛北面的马提尼克岛，并在她15岁那年随家人一同去了巴黎，后与当时还是青年军官的拿破仑结为伉俪。

圣卢西亚的经济不太发达，是一个发展中国家。在这里，拥有一辆轿车是很奢侈的。岛上的交通十分落后，道路状况也不好，穿过岛上美丽的热带丛林的公路弯弯曲曲，坑洼不平。可当地人却说，由于道路不好，无法开快车，会使驾驶十分安全。在首都卡斯特里，道路就很笔直平坦。几年前，德国的工程人员在卡斯特里设置了第一座红绿灯，可没几天就不能使用了。现在虽能正常使用，但岛上还有不少人不知它是干什么用的。

圣卢西亚的经济虽不发达，但这里却是一个旅游的好地方。加勒比海的海水清澈透明，非常适合潜水旅游。在圣卢西亚岛西岸，有一处由两座火山环抱的海湾，这里风平浪静，水下长满了五光十色的珊瑚，成为各种海洋生物的乐园。潜入水下，你就能见到许多形态各异、色彩纷呈的海洋生物：天使鱼、鹦鹉鱼、海马、海绵、海蟹和龙虾等。它们在珊瑚丛中游动，悠然自得。潜水游在它们中间，仿佛自己也成为它们当中的一员，一起享受大自然的恩惠。

圣卢西亚还是航海者的乐园。每年11月份，水手们驾驶各种帆船从欧洲各地出发，横穿大西洋来到这里，进行每年一度的冬季航海。

圣卢西亚有两个很好的天然海湾，一个是在卡斯特里北面的罗德尼湾，海湾内可以停泊140余艘帆船。当热带风暴袭来时，这里就是一个极好的避风锚地。另一处海湾在马里格特湾的南面，从陆地延伸出去的岬角成为海湾的天然屏障，当年殖民战争时期，一位英国舰队司令曾将整支舰队隐蔽在这个海湾里，以至于法国舰队从离他们很近的海面上驶过，竟未能发现。由于

圣卢西亚特殊的地理位置和它良好的港湾条件，世界早期业余航海史上的一次航行——“漫游者”大西洋帆船拉力赛，就是从加那利群岛出发，经过1000多海里的航行后，在圣卢西亚岛结束的。1992年的92欧洲帆船环球拉力赛也是以圣卢西亚岛为第一站。圣卢西亚旅游部门为了吸引旅游者，在罗德尼湾和马里格特湾开办了租船公司，为那些无法驾船到圣卢西亚的游客提供服务。公司不仅能提供各种游船，还为不会驾驶船艇的人配备船长和水手。公司安排有到马提尼克的周末旅行，还有向南到格林纳达的十日游。

圣卢西亚有一艘极有名气的双桅帆船，它就是参加过著名电视连续剧《根》的拍摄的“独角兽”号。“独角兽”号于1948年在芬兰建造，近半个世纪的海上生涯不仅没有使它退休，反而因为《根》的拍摄而名声大噪。在电视连续剧《根》中，“独角兽”号充当一艘贩运奴隶的船舶，许多游客就是专门慕名而来。“独角兽”号能载140多名游客，它每周两次从卡斯特里出发，沿着海岸航行至苏夫列尔，以观赏圣卢西亚岛美丽的风光。乘上古色古香的帆船，航行在加勒比海上，头上是蓝蓝的天空，周围是白色的浪花，不远处是令人神迷的圣卢西亚岛，受到惊吓的飞鱼不时掠过海面，鲸也常常探出头来，喷出一朵朵水花，真是令人赏心悦目。

圣卢西亚茂盛的热带雨林，良好的港湾和壮丽的风景，吸引了不少电影导演来此拍摄镜头。“独角兽”号帆船参加了连续剧《根》的拍摄，著名电影导演克里斯托弗来到这里为他的《超人》第二集拍摄镜头，电影《杜利特尔医生》的许多镜头也是在这里拍摄的。现在，岛上有些建筑就是以电影中的人或事来命名，例如海滩上的一座旅馆的名字就叫“杜利特尔”。

圣卢西亚最壮丽的景观恐怕要算是耸立在岛西南部的大、小皮通斯山了。这是两座直立的岩石山峰，从远处看，两座山峰就像两个鹤嘴，直直地耸立在加勒比海中。从皮通斯山茂密的热带雨林中小别墅的平台上，可以看到被两峰环抱的海湾。到了夜晚，在这寂静的皮通斯山中别墅的平台上，开上一瓶当地的海盗牌朗姆酒，看着月亮从皮通斯山后慢慢升起，流星不时划过夜空，闪烁着坠入海中，这才真正领略到圣卢西亚的独特风情。

第五章
神秘多彩的奇异海岛

英国诗人济慈曾说："美即是真，真即是美。"神秘多彩的海岛，孤立于海上，小小的陆地为广阔的海域环绕，任凭外界纷纷扰扰，海岛兀自心安。灿烂的阳光、软软的沙滩、蓝蓝的天空、清清的海水、独特的文化、奇异的故事……在这里，时间似乎停止，悠然的气韵徐徐绽放开来……

第一节　秀丽海岛

著名花岛：美瑙岛

美瑙岛北距赤道约4[illegible]千米，东离夏威夷4160千米。美瑙岛属热带雨林气候，年平均气温约30℃，年平均降雨量约2000毫米。白天较热，早晚海风扑面。

美瑙岛坐落于博登湖的西北部，是著名的花岛，这里拥有精美华丽的花园和贝恩纳道特伯爵的宫殿。游客可以乘船或者从湖岸两边的小桥到达这里。受博登湖地中海式气候的滋润，这里繁衍着众多的南部植被。水仙、郁金香、玫瑰、大丽花、樱草花和兰花，这些在不同时期绽放的花卉，让游客们从春天一直到晚秋时节都能够感受到“花岛”的美丽。

在鲜花中穿行，根根挺立的紫色花团被大片白色、黄色的花海簇拥着；嫩绿的小草如地毯般从脚下铺开而去；高大乔木的浓密树叶层层叠叠，仿若忠诚的卫士守护着脚下的安宁；远处圆润直立的松树，好像要在蓝天白云间书写胸中的喜悦……转弯处，一只“孔雀”散开它漂亮的尾翼，向游人展示着花的美艳；盆花映衬着高高的流水台阶，一动一静，透明而多彩；拾级而上，那潺潺的流水，洗涤着你的心灵，

美瑙岛

美丽静谧的博登湖

恍如一步步迈入人间仙境……

美瑙岛是德国旅游界为之自豪的胜地，可是几人知道，美瑙岛却是瑞典人的家产？栈桥边的瑞典十字架、岛中的瑞典塔楼，无不诉说着此岛与北欧瑞典的渊源。小小的岛上遍植产于世界各地的风姿绰约的植物，从美国原始森林中的红杉到热带沙滩上的椰树，从中国古典园林中优雅的青竹到非洲广阔草原上的金合欢树，应有尽有，让游客不禁发问：自己到底身在何方？

从国旗飘扬的桥上走过，宽阔的博登湖令人敞开心扉。清澈的湖面在微风中荡漾，水的味道弥漫飘散。在湖边随意挥挥手，天鹅便会翩然行至身旁，困倦的小鸭子在木椅边打盹，这样一个晴朗的正午，缓步踏上美瑙岛，四下的鲜花扬起迎接的笑脸；大片的草地、茂盛的树木、各式花朵穿插点缀；年轻情侣、中年夫妇，都在这里享受浪漫和甜蜜。

避暑胜地：卡普里岛

卡普里岛位于那不勒斯湾南部第勒尼安海中，东距苏莲托半岛 14 千米。面积约 10 平方千米。

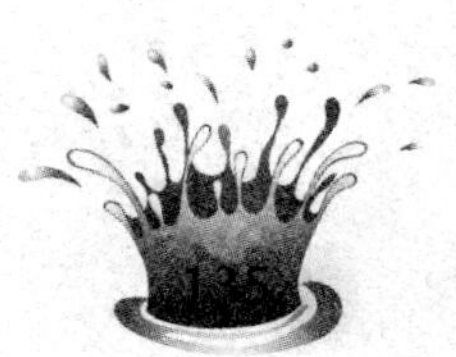

卡普里岛的气候温和，即使在夏季，最高温度也在30℃以下，因此很多人都将它选为理想的避暑之地。

卡普里岛神秘而美丽，所以又被称为女妖岛。从罗马帝国时代至今，不知诱惑了多少人。从历史记载得知，卡普里岛是一代罗马帝王所不懈追求的，奥古斯都大帝因为对卡普里岛无比挚爱，而用比它大几倍的一片土地换取它，并在岛上居住了整整十年。

在远古时代，卡普里岛本来是和大陆相连的，由于陆地下沉，被海水淹没。此后又发生了非洲大陆同欧洲大陆断裂，地中海的海水流入大西洋，导致地中海水位下降，卡普里这个岩石岛才露出来。

卡普里岛有很多特色，其中一个就是山洞众多。有曾经使古罗马蒂贝里奥大帝着迷的“储藏洞”，还有红洞、白洞、暗洞、圣人洞、神父洞、奇妙洞、燕贝里洞等10多处洞，其中以蓝洞最为著名。

蓝洞的洞口很小，宽2米，高不到80厘米。游人要想入洞，需要半卧在小木船上，由船夫手拉铁索，乘海浪低落之机进入。洞内长54米、宽15米、高30米，水深14～25米。刚刚进入洞口时，眼前一片漆黑，伸手不见五指。过一会儿，眼睛适应了黑暗，人们便能看到木船的吃水线以下全是晶莹的蓝色，犹如蓝色日光灯一般。如果

卡普里岛

卡普里岛胜景

把手伸入水中，手也会立即变成“蓝色日光灯”。环视四周，洞窟的顶部，四周的洞壁，洞内的整个水面，都反射出一种奇异的蓝光，宛如蓝宝石闪出的光，异常美丽而柔和。那么，这蓝色的光辉从哪里来的呢？其实，这蓝光就来自洞外的天空和海洋，它们经过洞口，被洞内的海水折射而产生了蓝色的光辉。蓝光使这个洞里的一切，包括木船、游人的脸、衣服，甚至是洞里的空气，都显得更加神秘！

卡普里岛的诱惑力，来自于它独特的自然景观和浩大的水域，若不是亲眼见到、亲身感受卡普里岛，你不会想象到它有多么美。岛上的悬崖上大片的橄榄树林、柠檬树将所有别墅岛屿围护其中。

卡普里岛的森林、水域、空气、阳光和最令全世界富豪憧憬的岛屿别墅，曾吸引了来自全世界的名人，包括好莱坞著名影星伊丽莎白·泰勒、世界著名作家霍蒂、美国富豪波顿爵士、前苏联作家高尔基等等。

蜜月之岛：济州岛

济州岛位于朝鲜海峡西南口，东北距朝鲜半岛 85 千米，为韩国第一大岛，面积约 1800 平方千米。这里气候宜人，风景秀丽，环境幽雅，岛民好客，游客越来越多，被称为“东方夏威夷”。

济州岛北侧为济州海峡，有济州暖流流经岛的附近。为亚热带气候，温暖湿润，气候宜人。年平均气温 14.7℃。年平均降水量 1300 ~ 1800 毫米。冬季均温 4.7℃，没有严寒，为韩国最温暖的地方；夏季气温在 20℃左右，又是韩国最理想的避暑度假之所在。一年四季鸟语花香，硕果累累。

济州岛是一座火山岛，具有火山的特殊风光。岛呈椭圆形。中部最高峰汉拿山海拔 1950 米，山顶有火口湖白鹿潭，分散着 360 个喷火口。诸多熔岩洞窟点缀其间，瀑布直流而下。登山鸟瞰，远方是一望无际的澄碧海洋，近处是白色的沙滩，岛上则是郁郁葱葱的草原和各种水果种植园，景色和谐秀丽，给人一种到了南国之乡的感觉。济州岛鲜花夺目，水果飘香，被称为韩

济州岛风光

国的“鲜花篮子”和“水果篮子”。

济州岛的“三多”

济州岛的最大特点是“三多”“三无”。“三多”包括石头多、橘子多、女人多。人们说，济州岛是石头之国，对济州人而言，石头不但是优秀的建筑材料，而且是在旁边默默相守的朋友，济州人用岛内遍布的火山石筑篱笆、盖房子，制造神像。而现在，用橘子做的香水、巧克力都是每个来济州岛的游客必买的纪念品。

岛上还有许多古迹：稀奇古怪的石雕，流传着许多神话；许多现代化的建筑与自然风光相配合。岛上残留着母系社会的痕迹：女人出海采集鱼类、海参、海藻，男人在家照顾家务。农村住房新颖别致，一幢幢小别墅具有民族特色，在丘陵地带鳞次栉比，五颜六色的屋顶构成美丽的图画。最现代化的建筑要数凯悦饭店。该饭店位于合宁海滨的悬崖上，整个建筑呈七边形，远看像一座巨大的蜂房，间间客房相连，各有很深的晒台，互不阻挡，可饱览四面风光。核心是罗马式建筑的中厅，从下一直可看到玻璃覆盖的圆房顶。与第三层等高处建有悬崖花园，飞流瀑布直泻到室内和室外游泳池。花园内有小湖可供划船，有野鸭、野雁尽情嬉戏。游泳池外不远处就是月牙形的金黄色沙

滩。店内服务周到，有各色风味的食品。有桑拿浴、游艺厅、舞厅、网球场、羽毛球场、健身房、旱冰场、台球室、咖啡厅、鸡尾酒吧、高尔夫球场、赌场。游人可骑马、潜水、租船钓鱼、狩猎。

岛上民风淳朴，没有盗窃现象。当地政府为保护生态环境制定了许多法令，做了长远的规划。旅游建筑只限在一定的范围内，其他地区尽量保持原始自然风貌。

潜水者的天堂：菲律宾 PG 岛

PG 岛位于菲律宾第七大岛明多洛的东北海岸，是延伸向大海的一个半岛形成的天然避风港，是世界上最美丽的天然港口之一，无论外海风浪多大，到了 PG 岛就风平浪静了，这种自然环境造就了这块潜水胜地。浅海域的珊瑚花园、变化多端的岩层纹理以及色彩缤纷的水中生物，让 PG 岛成为一块梦幻般的潜水乐园。连绵 3 千米的海边到处都是各种风格的度假村和酒吧，这里的度假村和酒吧无一例外地都拥有自己的潜水学校，再加上其他独立的潜水学校以及丰富的潜水用品商店，整个 PG 岛被打造成了菲律宾最大的潜水基地。

由于没有台风的侵扰，PG 岛一年四季都可以进行潜水活动。20 世纪 80 年代以后，这里便成为亚洲技

冬日济州岛

术潜水的大本营。PG 岛在度假中心区的沙邦附近海底先后共开发出了 40 多个不同的潜水地点，这些潜点几乎都在离岸很近的地方，乘船前往这些潜点仅需 5 ~ 15 分钟。在距离沙邦十几米处的海边就有许多茂密的珊瑚，加上沙邦海底周围有山洞、斜坡、悬崖、峡谷、沉船等各种特殊地形、景点，不同程度的潜水者在这里都能找到适合自己喜欢的潜水方式。

深海鱼

峡谷潜水点是 PG 岛最著名的潜点。这个潜水地点很好识别，因为这里有个标志性的建筑——灯塔。潜水者顺着珊瑚礁斜坡地形下潜 20 米，可以见到无数的水底生物在眼前飞速滑过。随着不断下降，潜水者可以见到海龟慢悠悠地穿游在海扇和珊瑚之间，石鲈、斑鲷和蝶鱼在悠然自得地游玩。如果运气够好，在这里偶尔还会看见魔鬼鱼、鹰鳐、槌头鲨等。

假如潜水者喜欢看软体珊瑚和小丑鱼，这就要去艾斯卡修潜水点。这里有着各种奇形怪状的岩石和丰富的海洋生物，潜入其中，可以看见身边的软珊瑚随着水流左右晃动，犹如舞蹈着的地毯，如此美景真是使人难以忘怀，艾斯卡修就像是一幅美丽的图画。色彩缤纷艳丽的海百合与不计其数的雀鲷是该潜点特色之所在，而这里也是最佳的放流潜点。

东方希腊：巴厘岛

巴厘岛位于印度尼西亚努沙登加拉群岛（小巽他群岛）的最西端，西隔巴厘海峡与印度尼西亚最重要的岛屿爪哇岛相望。海峡最窄处仅 3 千米。面积 5561 平方千米，人口约 278 万。岛的中央山地绵亘，是爪哇岛火山的支脉，有多座火山山峰。最高峰阿贡火山海拔 3142 米。再加上赤道横贯群岛北部，因受秘鲁寒流的影响，气候凉爽，但中午炎热。

巴厘岛地处热带，有许多热带的特点：气候为热带季风气候，终年炎热湿润；山上有热带雨林，林木终年常绿，繁花似锦；出产热带

人间天堂——巴厘岛

经济作物椰子、咖啡、可可等。岛上设有省级建制，省会在岛南的登巴萨，也叫巴塘。

巴厘岛在印度尼西亚1万多个岛屿中只属一个中等面积的岛屿，却名扬四海，可说是一个世界名岛，有“诗之岛”“艺术之岛”“东方希腊”等美称。每年吸引数十万乃至上百万外来游客前来观光。

你知道吗

木雕之乡

巴厘岛是印尼手工艺术品的盛产地，木雕尤为著名。例如Mas就是巴厘岛木雕之乡，这里集中着巴厘岛最优秀的雕刻师。其中一些占地面积较大的艺廊展示着他们的作品。我们可以看到雕刻师现场展示手艺，另有一群妇女在一旁做细部磨研。可以比较各种木质的雕刻，增加一些常识。他们同时还出售部分作品。展示的工艺品主题以印度教神话人物及传统居民的生活风貌为主，还有较大型的家具如全套桌椅等。

巴厘岛人特别喜爱艺术。石雕、木雕、绘画、手工艺品造型优美，工艺精湛。每三五天就有一个宗教

或民俗节日。任何季节的多数游客都能赶上一个机会一睹节日盛典。节日中成群结队的居民涌向寺庙，载歌载舞。舞蹈多达200余种，有庄重的，欢快的，驱邪的，表现男女欢娱的，颂扬胜利的，真可称得上世界民族舞蹈之林中的一枝奇葩。

岛上除优美的热带风光外，喷云吐雾的火山，宁静澄碧的火山口湖，环山绕峰的梯田，也属一景；岛边则有没有污染的清澈海水，蔚蓝的天空，白净细软的沙滩，也是游人的好去处。难怪印度前总理尼赫鲁称之为“世界之晨”。

巴厘岛的潜水虽然没有它的度假来得闻名遐迩，但这里的海洋生物之多出人意料，在这里潜水，别有一番乐趣。巴厘岛适合潜水的地点是岛东北部的图兰奔和西南部的鹿儿岛。图兰奔湾被人们比喻为海底博物馆，这里蕴藏着无数的珍奇宝物.无论你是潜水新手还是老手，在这里潜水都会被美妙的景色所折服。整个图兰奔海湾长约500米，主要由3个潜点组成：自由号沉船、珊瑚花园和断崖。

自由号沉船原是第二次世界大战时期美军的胜利号运输战舰，驶

风光旖旎的巴厘岛

经巴厘外海时被日本潜艇鱼雷击中后冲上浅滩沉没，如今变成了海洋生物的家。战舰长约120米，最上部离水面约5米，最深处约30米，多年来该潜点成了当地著名的五星级沉船潜点，也被很多专业人士称为最棒的沉船潜点，每天都有数以千计的潜水者从世界不同的地方前来潜水。珊瑚花园潜水点的海水深度在5 ~ 20米，海中长满了各色的软珊瑚，成千上万的海洋生物在其间穿梭，十分有趣。断崖潜水点的水深最深处有40米，这里最美的要属大海扇和软珊瑚，有时还能看到在其中列队巡游的隆头鹦哥。

鹿儿岛的国家保护公园位于巴厘岛闽江港，属于自然保护区，是巴厘岛浮潜和潜水的最佳地。该地水质非常清澈，能见度极佳，游人可以看到海参、小丑鱼、海星、海胆等。这里的软珊瑚、巨型海扇、海柏之丰富、壮观会令每一个潜水员兴奋不已。

巴厘岛历史上受印度宗教的影响，居民大都信奉印度教。但这里的印度教同印度本土上的印度教不大相同，是印度教的教义和巴厘岛风俗习惯的结合，称为巴厘印度教。在印尼的每一个人，自幼便需拥有自己的宗教：岛民对于巴厘印度教的信仰及尊崇，以及印度教对于岛

巴厘岛民居

民之影响，在巴厘岛的居民日常生活中，到处都可以体现。

在巴厘岛人的生活中，他们相信有太阳神、月神、山神、湖神、海神、猴神、龟神……每种神也不止一位，因此他们信仰多神，而且神与人民共处于岛上。巴厘岛人坚信他们就是神的后代，因此“神仙岛”的称呼也由此而来。

这里的居民主要供奉三大天神(梵天、毗湿奴、湿婆神)和佛教的释迦牟尼，还祭拜太阳神、水神、火神、风神等。全岛有庙宇1.25万多座，因此，该岛又有“千寺之岛”的美称。

海岛中的牡丹花：塞班岛

塞班是北马里亚纳群岛的首府，面积185平方千米。它坐落于太平洋交通要塞，极具战略意义。该岛遍植凤凰树，是一座理想的度

假海岛。

密克罗海滩位于岛西岸，是塞班岛最著名、最受欢迎的海滩。海滩浅浅，沙白柔软，在此进行海水浴惬意至极。海面在阳光下变幻出不同颜色。夕阳西下，这里是欣赏日落最佳处。海滩上的气氛十分热闹，岸上满是帆布躺椅，水中满是戏耍的人群。最美妙的当是享受一番塞班SPA，让身心得到全面放松，达到天人合一的境界。

鸟岛位于塞班岛，是东海岸最浪漫的岛，恰似一只小鸟栖息在海湾。岛上有上百种鸟类栖息，退潮后是近距离观鸟的好机会。如有机会看到众鸟归巢的景致，你会感觉非常壮观。鸟岛看日出的时间通常是清晨5点，当第一缕阳光照在岛上，整座岛屿会发出闪闪亮光。

塞班岛——鸟岛

色彩丰富的“调色板”

在该岛看海，由于水很深，因此在岛上看海也会发现不同的颜色。如果站在岛上的最高峰——塔泊超山顶俯瞰全岛景色，就会看到在岛的周围有许多起伏不平的珊瑚礁，这些珊瑚礁在阳光的折射下，使得海水呈现淡绿、碧绿、深蓝、墨蓝等不同颜色。那深不可测的墨蓝，就是世界上最深的海沟——1万多米的马利安纳海沟。阳光下的塞班岛，就像一块色彩丰富的“调色板”，斑斓炫目。

在塞班岛的度假活动中，最为著名的是当地的潜水活动。在世界的潜水胜地中，塞班岛以富有变化的地形以及清澈的海水令每一位潜水爱好者趋之若鹜。塞班岛有许多珍贵缤纷的鱼类，使得这片海域展现出迷人魅力。塞班岛海域的海水可见度可以达到30米，是游人度假潜水的必游之地。塞班岛的潜水点分布在岛屿四周，由环礁所构成的潜水点共有20多处，搭船至最远的潜点只要30～40分钟，十分方便。

塞班岛最有名的潜水点是东北部的蓝洞，这里的海水深度可以达

到22米，有3个洞穴可以潜水，也是世界十佳洞穴潜水地点之一。蓝洞是典型的天然海蚀洞穴，洞底奇异幽深，景色绝美。

欧碧燕海滩位于塞班岛的南侧，是水深约15米的岸潜潜水地点，主要是由礁盘与白色沙地交错形成的缓坡地形，能见度佳，犹如水晶宫般透明。礁盘上生活着许许多多的珊瑚礁鱼类，此外，在沙地上还可以见到一群群的园鳗，十分适合浮潜及初级潜者潜水。

鸥鲼邦是塞班岛最具特色的潜水点。这里的岩层露出沙滩大约有30米，天气晴好时，会有多达数十只的鸥鲼在岩层周围的水域中嬉戏。潜水者可以一边欣赏鸥鲼嬉戏，一边沿着岩石不断深入水中，鸥鲼被逐渐地抛在身后，十分有趣。

除了蓝洞、欧碧燕、鸥鲼邦之外，塞班岛还有冰激凌、劳劳海滩、浅湾、纳夫坦、切森轮、万岁崖、翅滩、聚光等潜水地点。

塞班岛蓝洞

太平洋上的明珠：博拉－博拉岛

博拉－博拉岛坐落于南太平洋玻利尼西亚社会群岛，被认为是一个充满诗情画意的热带岛屿。炫目的海滩、摇曳多姿的椰林和静谧的蓝色潟湖都使这个岛屿具有了强大的诱惑力，因此这个美丽而浪漫的岛屿又被称为“太平洋上的明珠”“距天堂最近的地方”“梦之岛”。博拉－博拉岛陆地面积38平方千米，由中部主要岛和周围一系列小岛组成。在第二次世界大战期间，它曾是美国海军、空军基地，是社会群岛最美丽的岛屿之一。

大约在1100多年前，玻利尼西亚人成为这个岛的最早定居者。1722年，荷兰探险家洛基文发现了该岛屿，成为到达该岛的第一个欧洲人。英国探险家库克船长于1777年驶入港内停泊。他把此岛称为博拉－博拉(寓意新生、诞生)。1985年，

博拉－博拉岛

该岛成为法属玻利尼西亚的一部分。

300多万年前，博拉－博拉岛从海中升起，变成一座巨大的火山，周围生长着一圈珊瑚。珊瑚虫从热带浅海吸收钙质，生成石灰外壳，珊瑚礁渐渐形成。随着海底板块冷却，火山开始下沉，但珊瑚礁继续上长，形成了岛中心周围的珊瑚环礁和中间的潟湖。随着时间的推移，火山将完全沉没，只留下珊瑚环礁围绕着潟湖。

在法属玻利尼西亚社会群岛的背风群岛中央便是博拉－博拉岛。在博拉－博拉岛上闪耀着银光的海滩背倚着椰林、青翠的丘陵和耀眼的木槿，再往里是晶莹清澈的潟湖。东来的信风带来阵阵清新的气流，使这一热带地区的气温处在24～28℃。

珊瑚环礁只有一个通航入口，当地人称为莫图斯。博拉－博拉主

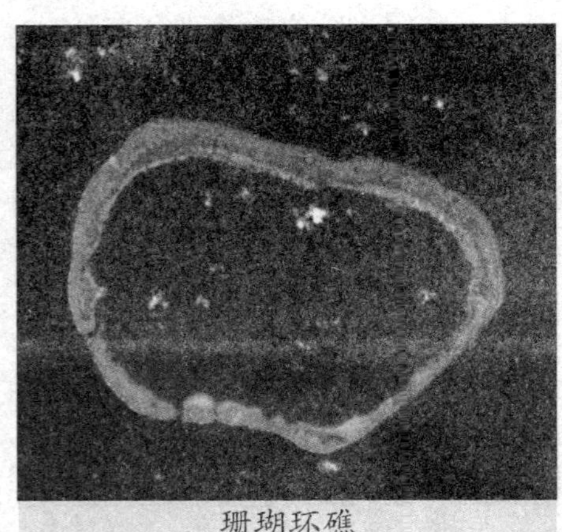

珊瑚环礁

岛的面积是直布罗陀的两倍，另外两个小岛——图普阿和图普阿伊蒂都是火山口侵蚀形成的。两座峻峭的山峰雄踞博拉－博拉岛上，分别是海拔660米的帕希亚山和海拔725米的奥特曼努山。奥特曼努山曾经是一座火山。在火山喷发毁去其山顶之前，它曾隆起于海底之上达5400米。这座长期熄灭的死火山如今覆盖着茂密的绿色森林。玻利尼西亚人早在1100多年前就在岛上定居，并在此修建了几座庙宇。

健身美容之岛：帕尔卡罗岛

在意大利南部，有个面积不大的海岛，叫帕尔卡罗岛。这里并没有高山积雪、奇秀山峰，也没有参天林木和潺潺河川，但却是世界上有名的旅游疗养胜地。

是什么东西吸引了众多游客呢？原来是十几个烂泥塘。所有游客一见到这些泥塘，都会脱光衣裤，笑着叫着跳进烂泥里，全身滚个够，个个变成泥人，有的一泡就是一整天。

原来这些烂泥塘里大有文章，烂泥可以治病，可以美容，也可以健身。用这些泥巴擦身不仅会使皮肤变得洁白细腻，而且能治疗腰痛。

更奇妙的是，大胖子在泥里每天泡上 4 个小时，10 天就能减掉 20 千克肥肉，是减肥的最佳办法。得皮肤顽症的，在烂泥里泡上十天半月就能根绝。据说美国有位亿万富翁得了一种皮肤瘙痒症，请过 60 个国家的名医治疗仍不能断根，每年总要犯几次。有人劝他到帕尔卡罗岛泥塘里去疗养治疗，他开始不信，后来抱着试试看的心理，来到这个岛，花钱包下一个池塘，每天到烂泥里泡 4 小时，进行了一个月，结果不但瘙痒症从此再也没有犯过，而且皮肤也变得滋润、光洁了。

随着帕尔卡罗岛的名声越来越大，每年夏季从世界各地来的游人也越来越多，其中尤以女性为多。人们都想在这里度假，使自己变得更美、更健康，因此泥塘里从白天到晚上都挤满了游客。

这一现象引起了科学家的兴趣，他们实地进行考察，对泥巴进行化验，很快这个岛为何如此神奇的秘密就被揭开了。原来这个岛由于火山经常喷发，熔岩中硫黄和其他矿物质含量很高，而这些矿物质对人体非常有益。总之，泥浆给这个岛创造了巨大财富！

第二节　奇趣海岛

火山之岛：堪察加半岛

堪察加半岛位于俄罗斯远东地区。西濒鄂霍茨克海，东临太平洋和白令海。南北长约1200千米，最宽处480千米，面积约37万平方千米。有两条沿半岛延伸的山脉：中部山脉和东部山脉。半岛上共有127座火山，其中22座是活火山。最著名的火山克柳切夫火山位于堪察加半岛的最高处，海拔4750米。300多年来，克柳切夫火山爆发了50多次，至今山顶还常年冒着浓烟。加上半岛东南角的千岛群岛上的16座火山，构成了太平洋最活跃的一段火山带。岛上有几百口喷泉和温泉，半岛南端还有一个小型地热发

堪察加半岛的火山

电站。源自于半岛中部山地的堪察加河向东北流去，注入白令海，全长约758千米。半岛气候恶劣，冬季漫长、寒冷而多雪，夏季潮湿、凉爽。这里的植被大部分是苔原植物。低地和谷地有白桦和松林，湿地有白杨和柳树。

堪察加半岛的原住居民

堪察加半岛上的当地人最重要的经济活动是渔业，渔业中又以沿海捕蟹为主，也有少量农业以及牛和驯鹿放养业。这里的居民主要是俄罗斯人，另有科里亚克人、楚克奇人和堪察加人。科里亚克人和楚克奇人在18世纪时几乎被沙皇的哥萨克兵消灭殆尽，不过现在，他们的后代仍然在岛上繁衍生息。

堪察加半岛的丰富资源

堪察加半岛地广人稀，资源丰富。中南部是半岛森林区，广布以落叶松占优势的针叶树以及桦树、白杨等；北部为森林苔原和苔原。动物资源有棕熊、金鹰等；沿海有蓝鲸。当地是鲑鱼品种最多的地区，亦是斯特拉海雕的繁殖地。矿藏有西海岸的煤和东部山地的泥煤、浮石、金、汞、硫、铜、钼等，均未大规模开采。

堪察加半岛的“死亡谷”坐落在基赫皮内奇火山山麓、热喷泉河上游，以其奇异的自然现象而闻名于世。峡谷长2000米，宽100～300米，高度为1000～1100米。死亡谷包括热喷泉河左岸支流的一段河谷和另外两条支流的河口部分。峡谷偏西自北向南逶迤，山涧穿谷而过，流水清澈见底，四周峭壁峥嵘，峰巅白雪皑皑。这里的西边山坡上长满了嫩嫩的青草，东边斜坡却光秃一片。峡谷里常弥漫着一层薄雾，一些飞禽走兽，包括黑熊和田鼠来此觅食时，总是会莫名其妙地死在这里。经科学家研究发现，原来在峡谷底部有一含硫岩层，一些地方有大量的纯硫裸露，并常逸出有毒的硫化氢地下气体。峡谷中有一块长100米、宽50米的凹地，三面峭壁，只在河床一面有出口，此处地下气体逸出尤为强烈。地下气体比重较空气大，当刮西风时，西风封住凹地的唯一出口，使气体无法升腾消散，来此觅食的动物，往往会中毒死亡，只有强烈的

堪察加半岛的酸湖

东风或北风刮来时，地下气体被稀释消散，此时，动物才可进入谷中。

天然实验室：东伦内尔岛

东伦内尔岛是伦内尔岛南面的第三个岛屿。这一地区地处典型的热带气候区，气候温暖潮湿，温差小，气温一般在22.7～32.2℃之间变化，年平均降雨量介于3000～4000毫米。东南季风盛行于4月到11月，从5月到6月有一段显著的干燥时期，其中7月份最为干燥。岛屿同时还处在著名的飓风带内，受飓风影响频繁。

这里是一片由世界上最大的珊瑚堆积起来的环状岛屿，面积约370平方千米。大约在第三纪早期时，位于所罗门群岛火山岛链主体以南的东伦内尔岛附近就形成了一条会聚板块边界。更新世末期，构造运动极大地抬升，海底珊瑚因而得以在东伦内尔岛生长并且造礁。大多数所罗门岛屿都已经经历了许多不同的抬升作用，远离古老板块的碰撞带，因而地震活动程度很低，而东伦内尔岛的地质年龄要比这些岛屿年轻，这里的构造和地貌表明，它目前还正处于一个活跃的抬升阶段。地质学家认为，整个东伦内尔岛地区最初是珊瑚和藻灰岩沉积，

随后又经历了白云石化。这些白云石化的礁灰岩体被较年轻的没有白云石化的礁灰岩体所覆盖。

东伦内尔岛最主要的特色就是古老的特加诺湖。它是环状珊瑚岛的一个潟湖，面积达155平方千米，占整个东伦内尔岛的17.6%，是太平洋上最大的封闭于岛内的水体。水体中央部分由一片几乎没有被破坏过的平静水域构成，深度不超过40米。坚硬的基底岩石是晚白垩纪早第三纪扩张的洋中脊，上面有几米厚的泥质沉积。

东伦内尔岛美景

特加诺湖的地下有与广海连通的排泄系统，水分的不断排出使盐度增加，最终使其成为成化潟湖。在湖边和海岸悬崖等许多地方都有淡水喷泉，但岛上却没有河流。地下水流很有可能是从东西两侧的高地沿着中央轴线直接入湖的。湖岸土壤是珊瑚灰石风化的产物，以分散的小块形式存在。由于与较大的岛屿距离较远，且受盛行风向和海流方向的影响，火山灰或者海流沉积物都无法使这里的土壤增加变厚。

东伦内尔岛上有三种主要的植物类型，包括位于岛周边喀斯特山脊中的低成熟度的树林、岛内高大的森林和特加诺湖湖边的植物群。岛屿周缘喀斯特山脊上的土壤较少，而岛内土壤较多，并且两处土壤的性质不同，使得植物多样性从周缘向岛内递增。据史料记载，这里生长着大约10个地方性树种，但是在东伦内尔岛上，目前并没有发现这些地方性树种。从资料上看，所罗门植物群包括显花植物约650种，其中162种都分布在这里，其他东面的岛屿上是没有的。

岛上有11种蝙蝠，包括名为“伦内尔岛飞狐”的蝙蝠、裸背的靠吃水果生活的鱼蛉、太平洋飞狐和马刺蝙蝠等。所罗门群岛拥有大约43种陆生和水生鸟类，其中4种和9个亚种是东伦内尔岛独有的。鸬鹚是特加诺湖的常见鸟类；带粉红色

特加诺湖

斑点的水果鸽是岛上的地方性种属;其他的地方性鸟类还有伦内尔岛扇尾鸽和伯劳鸟等。

特加诺湖是目前已知的金环蛇唯一生长的地区。湖中的岛上还有5种壁虎、4种蜥蜴、1种巨蜥和3种海蛇，分布广泛。如今，在东伦内尔岛上并没有发现两栖类动物，这和所罗门群岛的其他岛屿上有特殊的青蛙和蟾蜍动物群的现象形成了鲜明对比。这也许与特加诺湖特殊的地形条件造成岛上缺乏表面水的现象有关。另外，东伦内尔岛有陆地蜗牛27种，其中7种是岛上所

海蛇

独有的。

所罗门群岛具有丰富的动物种属和地方性种属；伦内尔岛处于相对隔绝的位置，使得岛上产生了许多独特的鸟类动物群；而东伦内尔岛正好处于从巴布亚新几内亚向东到热带太平洋植物多样性递减序列中的重要转换地区，拥有伦内尔岛所出现的一切生态环境，并且这里的自然条件更好，因此岛上的植物群具有重大的国际意义。这里还是大多数地方性鸟类的最佳栖息地，动物资源十分丰富。此外，东伦内尔岛还是世界上最大的珊瑚礁岛屿，在考古地质学方面具有重大的价值。因此，1988年，联合国教科文组织将东伦内尔岛这座科学研究的天然实验室作为自然遗产，列入《世界遗产名录》。

珊瑚的天然圣地：亨德森岛

亨德森岛是皮特凯恩群岛中最大的岛屿，也是南太平洋中最为偏远的岛屿之一。皮特凯恩群岛在方圆5000千米的领域之内没有陆地，它包括4个岛屿：东北200千米处的亨德森岛、东部200千米处的奥埃诺岛、西部360千米处的迪西岛和大拉帕岛(复活节岛)。

皮特凯恩群岛是联合王国的独立领域,亨德森岛屿则是王室领地，面积约37.2平方千米，属于珊瑚岛。该岛原来位于海平面以下3.5千米处，后来升高形成一个小山，呈圆

锥状。现在人们推测它是一个礁盖状的火山。岛屿表面大块的礁石与大部分被剖开的石灰石交错在一起，周围是陡峭的悬崖绝壁，除了北面以外，其余三面都很陡峭。有三个主要的海滨，分别位于北部、西北部和东北部。

亨德森岛屿

皮特凯恩群岛

皮特凯恩群岛是孤悬在太平洋中南部的小群岛，它属于英国领地，由英国负责国防。皮特凯恩群岛位于波利尼西亚岛群东南部，南纬 25°04′，西经 130°06′。由皮特凯恩岛与附近无人居住的奥埃诺、迪西和亨德森 3 个小岛组成，面积 47 平方千米。皮特凯恩群岛主岛面积 5 平方千米，定居人口约 100 人（1984）。居民主要信奉基督教。皮特凯恩群岛的官方语言为英语，主要居民点在主岛东北岸的亚当斯敦。

此处潮汐是半日潮，在大潮汐时海面大约会上升 1 米。中部的凹陷低谷是一个抬升了的礁湖。在这里除了从岩洞滴下的水以外，几乎没有新鲜水。在涨潮高峰时，北部则会出现一股泉水。

亨德森岛的石灰石是在第三纪晚期形成的，岛屿内部的地形属于喀斯特地貌。在岛屿的北部、西北部和东北部，礁石的边缘宽度达 200 米以上。背向北部和东北部是向海的礁石平台，没有礁石顶，也不属于边缘礁石的典型情况。有两个狭窄的通道能够通往北部的礁石和西北部的海岸线。1987 年收集的数据显示，亨德森岛屿上共有 29 种珊瑚。

亨德森岛位属于东南信风区，从 1991 年 1 月至 1992 年 1 月，全年降水量为 1623 毫米。在这段时期里，月均最高温度从 1 月的 29.6℃到 6 月的 24.2℃。月均最低温度是从 1 月的 22.2℃到 6 月的 15.7℃。岛屿上植物的生长一般不会受到外部环境的明显影响，岛屿的大部分表面都生长着密集的互相缠结的灌木和 5 ~ 10 米高的灌木林。在凹陷

低地的中央生长的植物就更为稀少了。岛屿的面积特点使得它有着显著的地方特色，岛屿上共有 51 种开花植物，有 10 种是当地特有的。

与其他环状的珊瑚岛相比，亨德森岛没有受到外界的纷扰，是世界上升高的环状珊瑚岛生态系统保存最好的一个例子。国际生物圈计划以及一些科学家都明确指出亨德森岛屿的重要性。由于偏远的地理位置和荒凉的自然环境，亨德森岛屿现在仍然处在一种不为发展所影响的环境中。

昔日“圣岛”：提洛岛

提洛岛是爱琴海上的一个岛屿，占地面积为 3.43 平方千米，是基克拉迪群岛中最小的一个岛屿。“提洛”一词在希腊语中是光明的意思。根据希腊神话，据说太阳神阿波罗便出生在基克拉迪群岛的这个小岛上。相传，原来提洛岛是海神波塞冬从海底托上水面的一处裸露的花岗岩小岛，后来经过风神的吹送，漂到基克拉迪群岛海域一带。当时主神宙斯的爱妾勒托即将临产，但是由于深受宙斯的妻子、天后赫拉的嫉妒，她没有安定之地进行生产，正巧提洛在海上漂过，于是勒托就在这里生下了太阳神阿波罗和月亮狩猎女神阿尔泰弥斯。后来阿波罗用四根金刚石柱子，把浮岛固定在海底。阿波罗与阿尔泰弥斯则成了提洛人的崇拜神。此后修建的阿波罗神殿吸引了来自希腊各地的圣地朝拜者，这里成了古希腊的宗教圣地。

提洛岛

提洛岛上的大理石柱

提洛岛南北长5000米，东西宽1300米，小岛虽然面积不大，但处于爱琴海的地理中心。提洛岛在爱琴海历史上曾有过辉煌的文明，公元前3000年，提洛岛就有人居住，到公元前10世纪~公元前9世纪，这里已经成为一处繁荣昌盛的城市与拜神中心，是仅次于德尔斐的神谕发布地，享有“圣岛”之美称。

提洛岛上的文物分布密度令人吃惊，可以说，岛上的每块石头都是文物。至公元前3世纪，它又成为地中海地区屈指可数的贸易城市之一，此后又凭借天时地利发展成为当时地中海地区一个巨大的世界性的港口。公元前1世纪，由于受到外敌的洗劫和海盗的袭击，加上当时海上贸易路线的改道，提洛岛从此失去曾经盛极一时的商业港口城市的地位。中世纪，当地的建筑物遗址被威尼斯与土耳其人当做采石场，受到严重的掠夺。自此，“圣岛”的芳名便几乎湮没于世。

约在公元前2000年，提洛岛就出现了人类的足迹。独特的地理位置使它成为繁荣的世界贸易港口。公元前166年，罗马帝国皇帝确认了提洛岛的自由港地位后，它的发展进入了鼎盛时期。然而，公元前88年和公元前69年的两次战争，使它永久地失去了繁荣。

考古学家对提洛岛也充满了兴趣。1873年，法国的雅典学派对岛上的遗址进行了比较系统的挖掘

工作。考古学家在这里发现了岛西岸的古城区、阿波罗神庙区、金锁斯山神庙、剧场区以及圣湖区四组遗址，大体上掌握了古城当年的轮廓。由于该岛具有重要的考古价值，1990年，联合国教科文组织授以“世界文化遗产”称号。

提洛岛的历史遗迹有公元前5世纪～公元前3世纪的阿波罗神殿遗址、公元前2世纪的阿尔泰弥斯神殿遗址、私人住宅遗址、剧场遗址等。阿波罗神殿现在仅存石墙和多利安圆柱，而岛上最为有名的是圣湖边上的9尊大理石狮。这些石狮连同基座都是用大理石雕成的，生动逼真、充满力量，是大理石雕像中的杰作。

阿波罗神庙区在圣港的后部，由宽13米、两侧建有门廊的朝圣大道和3座阿波罗神庙组成。东北角是阿尔泰弥斯神庙区，举世闻名的“兽角祭坛”就位于此地。阿波罗神庙区的南面，是提洛城遗址，最

提洛岛的大理石狮

突出的建筑是阿波罗和他的孪生妹妹阿尔泰弥斯的生母——勒托女神的神殿。阿波罗神庙以北是太阳神降生的圣湖，如今已经枯竭，9尊大理石狮雄踞湖滨，气势逼人。

如今，在圣湖湖畔建有小巧的提洛博物馆，馆内展出的是一些岛上出土的精美文物，这些文物以大理石雕刻为主。公元前2世纪～公元前1世纪，这里是东地中海地区的商业中心，现在沿岸仍然可以看到港口、码头和仓库建筑。神庙区的东南，还有包括埃及众神庙和叙利亚众神庙在内的外国神庙群。提洛岛出土文物的价值，足以与意大利的庞贝古城相提并论。

公元前167年，提洛岛被罗马人统治，罗马人将此处变成一个大集市，把提洛建成了自由贸易港。这里也是希腊的奴隶市场，据说这里每天卖出1万个奴隶。但自公元纪年后，提洛岛的地位逐渐没落，往日的风光也已不复存在。

今天，提洛岛依然是一处荒无人烟之地，只有法国考古学会的少数工作者在阿波罗神庙废墟附近进行默默无闻的工作，岛上的旅游设施十分简陋，但这里允许旅游者自己搭营露宿。

来岛上旅游，带给游客更多欣喜的不是神庙，而是提洛岛工匠的

提洛岛上的神庙的废墟

住所。他们居住的房屋靠近港口，通常非常拥挤，狭窄的小巷将这些房屋分隔开来。小巷的两边是有2000年历史的下水道以及盛放燃油式街灯的壁龛，主路通往能容纳5500人的戏院。靠近剧院的房屋比较气派，四周有圆柱，铺着精致的马赛克。

提洛岛充满了自由的气氛，对岛上的异教徒也允许宗教信仰自由，至今还保留着供奉埃及诸神的神区。此外，在提洛岛上还发掘出许多石碑，以及高职位僧侣的会计账目和朝圣者祭品清单等物件。在长达千年的时间里，阿波罗神庙始终是爱琴海地区政治和宗教的中心，而且，该神庙一直到公元前4世纪都是希腊最大的宗教活动聚集场所。每四年一次的“提洛岛节”在此举办。来此一游的人们只能从复位的列柱和残存的基坛去想象它昔日的辉煌。遗迹群的背后还是波涛汹涌的爱琴海水，在此番背景下，更显示出提洛岛所代表的古希腊文明历史的弥足珍贵。

火山岩组成的海岛：豪勋爵岛

豪勋爵岛是澳大利亚豪勋爵群岛中的一个，位于悉尼市东北方702千米处的南太平洋上。群岛除

了豪勋爵岛，还包括阿德墨勒尔蒂群岛、玛特伯德群岛、博尔金字塔岛等，总面积约 15.4 平方千米，在行政上属新南威尔士州管辖。豪勋爵岛是该群岛中最重要的岛屿，主要由第三纪的火山岩组成。形状如新月，岛长 11 千米，宽 1.5 千米，面积 14.4 平方千米。

豪勋爵岛的西部有世界上最南端的珊瑚礁，其形成过程从 100 万年前的更新世延续至今。由于气温不同，组成这座珊瑚礁的生物残骸与北面水温较高处的珊瑚礁不同。其独特之处还在于它介于珊瑚礁和海藻礁之间。所围成的礁湖长约 6.5 千米，开有若干个狭窄的出口。岛屿的东海岸由一些陡峭的悬崖组成。岛屿东南部有两座火山，里德伯德山(高 777 米)和高沃山(高 875 米)，上面分布了许多石灰岩洞穴，中部为低地。豪勋爵群岛是亨利·雷得伯德·鲍尔上尉于 1788 年发现的，随后该岛以英国著名海军将领理查德·豪勋的名字命名。

豪勋爵岛

豪勋爵岛的气候温和，雨水充沛，且降雨四季分布均匀，因而植被丰富，多数是雨林和棕树林。岛上有两种棕榈，合称为肯特亚棕榈，其中一种最高达 20 米，分布在低处的沙地上直至海拔 120 米处。它的卵形果实呈红色，成熟时有 2 ~ 5 厘米长。另一种棕榈形同一株小树，果实黄绿色且较小，分布更为广泛，在岛上随处可见。过去，棕榈子出口曾是岛上主要的收入来源。

茂盛的雨林

该岛的大部分覆盖着雨林，长满了棕榈树，还有远古时代延续下来的生物以及岛上特产的鸟类。植物计有 379 种，其中 74 种是世界上独一无二的品种；鸟类中，有 129 种鸟是越洋飞到该岛上，其中接近于 10 种鸟正处于濒危灭绝状态；在这片世界上最南端的珊瑚礁中，生活着 490 多种鱼。

整个群岛有相当多的地区是海鸟的栖息地。记录到的鸟的种类大约 100 种，但仅有 30 种是在这里孵化出生的，其余的或是有规律地迁徙到此，或是过路的访客。自从 1788 年豪勋爵群岛被发现后，岛上

有 15 种鸟的正常繁衍受到了严重的影响，其中有 8 种已经绝灭。豪勋爵群岛上的野秧鸡，是世界上最稀有的鸟类之一。目前，野生的野秧鸡仅有 30 余只。猫、狗、老鼠、猪以及人类都威胁到岛上鸟的生存环境。此外，人类对棕榈子的过分采集，还使鸟类的食物缺乏，造成鸟类的数目急剧下降。目前，澳大利亚政府正在采取积极的措施来挽救这些濒于灭绝的鸟类。

豪勋爵岛美景

岛上的常住人口约有 220 人。现主要产业已由渔业、棕榈子出口业转向旅游业。为了保护环境，当地采取限定参观人数及车辆有限进入的政策。每月有固定的船只为岛上提供各种生活用品，由于没有港口，在天气恶劣的情况下，运送货物的船只常常无法停卸，给岛上人们的日常生活带来一些麻烦。较轻的货物和来往岛上的游客都是依靠飞机进出的。

第三节　富饶海岛

香料之岛：美娜多

美娜多位于印度尼西亚北苏拉威西省东北部，因地处赤道附近，终年阳光充足，气候宜人，是典型的海岛风貌。岛上丰富的丁香与豆蔻等香料也使得美娜多有了“香料之岛”的美誉。由于地处亚洲与大洋洲的交汇点，美娜多的海底物种十分丰富，有各种色彩鲜艳的软硬珊瑚以及丰富多彩的热带鱼群。海底珊瑚层层叠叠，高低起伏，各种各样的鱼类在其间穿梭，成群结队，美不胜收，让人流连忘返。

美不胜收的美娜多海底世界

丰富的资源

世界上已经发现的8种砗磲蚌之中有7种落户在美娜多，至少有70种珊瑚在这里生活和繁殖，在这里能看到西印度洋－太平洋中70%的鱼类。在岸边浮潜，就可以看到多样且多色的海葵、软硬珊瑚、海星，以及在这些海葵与珊瑚中穿梭洄游的小丑鱼、蝴蝶鱼、狮子鱼、魔鬼鱼等等上百种热带鱼；而如果潜进深邃海底，还能看到拿破仑鱼、海龟、海鳗、翻车鱼，以及特有的豆丁海马等生物。

美娜多布娜肯海洋国家公园于1991年建立，整个公园占地面积约为891平方千米，97%的面积为海洋。5个岛屿有许多几乎未被破坏的原始礁石，上面生活着许多姿态各异的软、硬珊瑚以及丰富的海洋生物，这里也是世界级的峭壁潜水地点。

美娜多是世界潜水协会评定的排名第一的潜水胜地，是声名远扬的潜水者天堂，全岛共有72个潜水点。在美娜多潜水，是最不能错过也是最令人终生难忘的经历。潜水者置身于海洋之中，穿梭在38处海底花园、浸泡在温暖舒适的28℃的海水里，与光怪陆离、色彩斑斓的各种珊瑚、礁石亲密接触，同时又可以零距离地观赏到西印度洋－太平洋中70%的形态各异的鱼类，尽情地与小丑鱼、海星、海百合、天使鱼、魔鬼鱼、大海龟和海豚等丰富多彩而又奇妙的海洋生物嬉戏玩耍，给人一种如临仙境的感觉。总而言之，美娜多是一个无法用语言来真实表达的人间胜地，唯有亲身经历才能真正了解那份和谐自然的美丽。

藏宝圣地：可可岛

世界上有众多宝岛，但藏宝圣地当推可可岛。可可岛位于太平洋厄瓜多尔加拉帕果斯群岛东北，东邻巴拿马西海岸，全长不过7.2千米，宽3.2千米。这里是典型的热带风光，气候湿润，丛林密布，堪称蜘蛛、毒蛇和蜥蜴的天下。可可岛尽管荒无人烟、环境恶劣，但多年来却吸引了无数探宝者。据统计，在过去150多年间，足有500多支探宝队光临该岛，谱写了一曲曲令人荡气回肠的悲歌。

说起可可岛财宝的来历，颇富

天使鱼

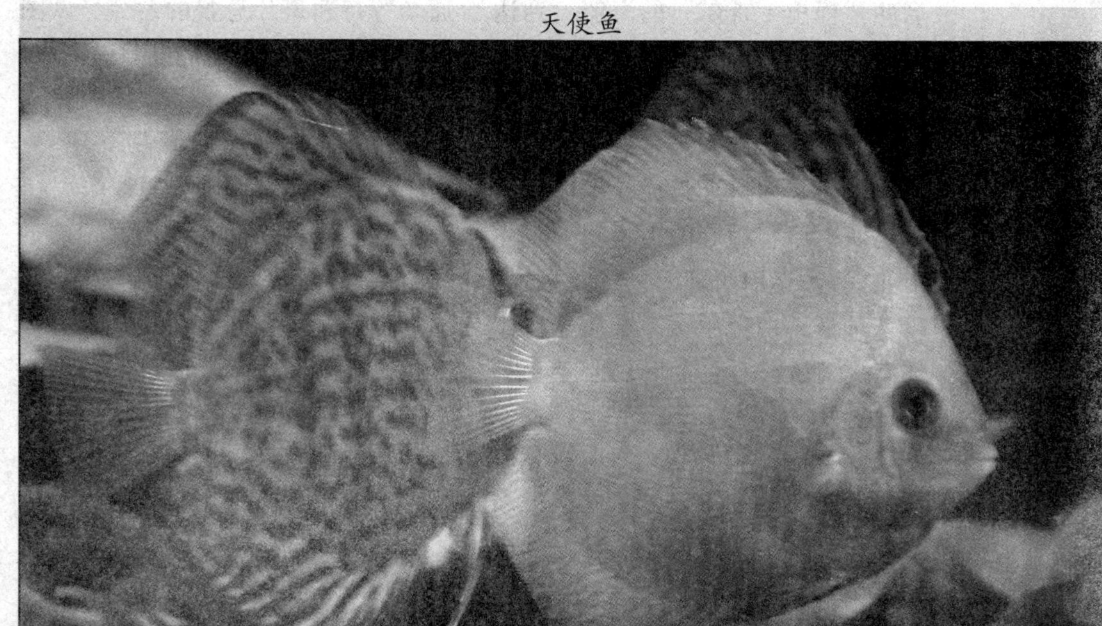

可可岛

神秘色彩。1841 年，美国人汤姆普森结识了一艘英国双桅船的船长约翰·基蒂，两人相见恨晚，成为莫逆之交，同船从纽芬兰到西印度洋群岛。途中，缺乏戒心的汤姆普森向船长吐露了“利马宝藏”的前前后后。那是 20 年前的 1821 年，年轻有为的船长汤姆普森驾驶着一艘名叫“梅里·吉尔”的海船，到达秘鲁的卡亚俄港，试图找到一些货物载运。不料正值秘鲁激战，首都利马的上层贵族和天主教徒们纷纷逃离城堡。西班牙组成一个庞大的骡马队准备将掠夺的大量珍宝载往卡亚俄港，运回西班牙。金锭、戒指、珍珠项链、白金手镯、金质器皿，还有缀满钻石的金耶稣受难十字架、柄嵌七彩宝石的军刀、圣母怀抱婴儿的纯金全身像。这正是：财宝堆积如山，珍宝价值连城。正待他们为卡亚俄港没有运货船只而苦恼时，“梅里·吉尔”号三桅船恰好进港。汤姆普森深感发财的时机来到，立即同意将财宝运往西班牙巴塞罗那。谁知贵族们对汤姆普森怀有戒心，通知等待西班牙总督的命令，试图拖延时间等候保皇党的船只进港。

可可岛国家公园

距离太平洋海岸大约 550 千米的可可岛国家公园，是太平洋东岸唯一的热带雨林岛。面积只有 26 平方千米，因位于赤道稍北

的热带和海洋生态系统的中间地带，成为观察生物演进过程最好的实验室。岛上有许多罕见的鸟类，周围海域也有珊瑚、鲨鱼、海豚等生物，全岛为蓊郁的常绿阔叶林覆盖，壮观的瀑布从山壁上直泻蔚蓝大海，景色优美。这里传说有海盗埋藏的宝藏，因此吸引了许多冒险家前往探访。

可可岛美景

汤姆普森预感到发财梦难圆，于是决定劫宝。9月7日深夜，他带领水手杀死了哨兵，砍断缆绳，扬帆逃入茫茫大海。说来也巧，此时保皇船也赶到，巡洋船迅即调头追捕“梅里·吉尔”号。具有丰富航海经验的汤姆普森以其娴熟的技术很快摆脱了他们，消失在大海中。他深深地喘了一口气，拿出地图，果断地决定驶往距加拉帕果斯群岛东北约300海里的可可岛，因为该岛毒蛇出没、环境恶劣，正好是藏宝佳境。经过几天几夜的连续航行，顺利到达可可岛，选择一个名叫查姆湾的港湾登陆，花费整整三天时间将10吨财宝搬运上岸，藏入岛中。精明的西班牙人料事如神，推断劫犯一定会到可可岛，在“梅里·吉尔”号三桅船起锚升帆之际，巡洋船突然出现在海湾，全部劫犯束手就擒。除汤姆普森和大副外，全部船员被逐一吊死于桅杆的顶端，不久大副患黄热疾而死，唯有汤姆普森命大，竟然还奇迹般地越狱而逃。随后他在纽芬兰隐居了足足20年。

进入暮年的汤姆普森贪心不改，于是与基蒂一拍而合，决定绕道阿根廷以南合恩角，直通可可岛。然而不巧，汤姆普森不幸染上重症，只得把珍藏多年的标有十字标记藏宝点的密图送给基蒂，并告之寻找宝藏的秘密通道口。如此巨宝，基蒂无力独吞，决定与好友鲍格同享。他们带上几位船员远航来到可可岛，按照图上的标记，迅速找到了洞穴的秘密入口，惊喜万分。循洞而入，面对这耀眼夺目的财宝，热血沸腾，各自装了满满一口袋，回到船上。他俩暗暗商定，对其他船员保守秘密，谎称上岛打猎，实则进洞取宝。“这历尽千辛万苦的远航究竟是为了什么？”船员们联想到他俩的诡

秘行动不由得产生了怀疑。他们随之跟踪迹、查住处，结果找到一袋钻石，立即要求宝物共享，并限定10个小时内公开宝藏秘密。基蒂俩岂肯屈辱，深夜逃进深山密林，船员们搜索了一周，一无所获，索性瓜分钻石，丢下两个贪婪之人，驾船而别。一月后，一艘捕鲸船路过可可岛，渔民上岸寻找淡水和椰子时发现了基蒂，他编造谎言欺骗渔民而获救。至于鲍格是病死还是被杀，基蒂只字不提，人们猜测为抢宝被杀。基蒂被救回纽芬兰，并运走了洞中余下的珍宝。临终前他把宝藏秘密告诉了好友菲茨杰拉德。基蒂当然不会想到，这一秘密被朋友公开而引起了空前的轰动。从此，汤姆普森藏宝图广为流传，无数财迷心窍的人涌向可可岛。

可可岛还有一个海盗宝藏的传说。说的是绰号为“血剑”的著名海盗贝尼托·博尼托埋宝藏的事。一次贝尼托在巴拿马近海遇上五艘西班牙军船，随即采用准确的炮火击沉三艘战船，海盗们抢走了载有珍宝的大帆船，价值2000万英镑。运往可可岛后，贝尼托命令在威费尔湾的一悬崖中挖掘了一口约11米深的洞穴，埋入其中。6个月后，他们执行了第二次海盗行动，抢劫的珍宝更丰厚，放进洞内，以巨石封口。第三次海上劫掠时被英国皇家海军抓获，魔王贝尼托被处以绞刑。但他在死之前将藏宝图转交给妙龄美女梅里。后来，美国西部的企业大亨们从梅里口中获得信息，专门成立了“可可岛阿依莱特开发公司”。1854年初，考察队在梅里的带领下开赴可可岛，但一无所获地回到旧金山。

可可岛湍急的水流

第三大宝藏就是所谓的僧人宝藏，说的是古时秘鲁遭到弗朗西斯科·比萨罗疯狂掠夺时，许多寺院的僧人们联手将宝藏偷运到可可岛。因此在1894年时，德国人古斯特曾与哥斯达黎加政府签订了开发可可岛宝藏的合同。古斯特于是与妻子在岛上安家落户，建房开园备渔具，开洞挖宝20年，只可惜，仅发现一枚1788年铸造的西班牙杜布朗金币。时至今日，可可岛仍以它特有的魅力吸引着一批又一批探宝人。

瓦尔德斯半岛的凤头黄眉

动植物天堂：瓦尔德斯半岛

瓦尔德斯半岛位于阿根廷巴塔哥尼亚地区丘布特省东北部沿海，濒临大西洋，拥有大量鲸、海豹和企鹅，是全球海洋哺乳动物资源的重点保护区，南美海象、海豹和海狮繁衍生息的理想场所。瓦尔德斯半岛全境都在丘布特省的自然保护区内，半岛超过90%的土地都是高原地形，其余为海滩和悬崖。经过漫长的时间，海水的侵蚀使这里的海岸形成了一个斜坡。突出的半岛与南部的陆地接壤，形成了一个圆形的平静海湾，为海洋野生动物和海鸟提供了一个天然庇护所。

瓦尔德斯半岛内海拔最低处在海平面35米以下，最高处海拔也只有100米。瓦尔德斯半岛由一系列的海湾、悬崖、海岸以及岛屿组成，海岸线长达400千米。瓦尔德斯半岛东端是包含一些小岛的长达35千米的瓦尔德斯海湾。岛内气候湿润，年降水量约为240毫米。岛内冬季平均气温为0 ~ 15℃，夏季平均气温为15 ~ 35℃。

骆马是岛内随处可见的陆生哺乳动物。另外还有巴塔哥尼亚野兔和阿根廷灰狐等陆生哺乳动物。瓦尔德斯半岛内的鸟类品种多样，多达181种，其中66种是候鸟。岛内的海鸟居住在12个栖息地，其中企鹅是最大的动物家族，约有4万多个活动巢穴。第二大家族是海鸥，约有6000多个活动巢穴。其他生活在这里的鸟类还有鸬鹚、大白鹭、黑冠苍鹭和普通燕鸥等。对于在海滩生活的候鸟来说，滩涂和潟湖是最重要的栖息地。

瓦尔德斯半岛是十分重要的天然动物栖息地，大量哺乳动物和海鸟都来这里避难，因为它们在岛内广阔的水域内可以找到丰富的食物，以及良好的地方来建巢搭穴。鲸也可以在干净的水域里交配产崽。因此，对这一地区的濒危物种资源进行保护具有突出的意义和价值。

逆戟鲸

据统计，1990年，有1200头鲸来过瓦尔德斯半岛，并以每年7%的速度递增。每年的8月末到10月初是海豹交配繁殖的季节，10月份的第一周是海豹繁衍的高峰期。瓦尔德斯半岛是阿根廷最北的海豹繁育基地，也是海狮的重要栖息地。另外，其他的动物基地分布在南极洲的一些岛屿上。半岛水域的其他哺乳动物有食肉动物逆戟鲸，它们以捕食海鱼和鱿鱼为主，偶尔也捕食海狮、海豹。逆戟鲸的捕食方法比较特殊，它们经常搁浅在浅滩中，然后张大嘴靠近猎物，静等其上钩。

每年6～7月份是南半球的冬季，生活在南极大陆周围海域的巨鲸纷纷北上避寒，瓦尔德斯半岛上的皮拉米德海湾是它们选择的最佳地点。抹香鲸是世界上现存的11种大型鲸之一。黑色的身躯，只是在腹部有些许白斑。与其他海洋哺乳动物不同，抹香鲸雌性比雄性个头大，身长13～16米，重35吨；雄性一般长12米，重30吨，

如今，抹香鲸濒临灭绝。全世界仅有4000～5000头，其中约1/5在瓦尔德斯半岛附近越冬繁殖，所以这里成为抹香鲸的绝佳观赏地。瓦尔德斯半岛在5月到12月期间都可以看到抹香鲸，所以观赏时间很长。抹香鲸在9、10两个月最多。

抹香鲸

在观鲸季节，巨鲸们成群结队掠过湛蓝的海面，有的头顶喷出两道水柱，形成“V”形；有的突然腾空而起，跃出水面；还有的拍打数米长的巨鳍，发出巨响。

瓦尔德斯半岛上的“杀人鲸”

瓦尔德斯半岛海域存在一种非常凶猛的鲸类，那就是逆戟鲸。它们的背呈黑色，肚皮呈白色，背鳍上有大白斑。逆戟鲸的牙齿与其他鲸类不同，它没有退化成须状，还保留着锋利的牙齿。逆戟鲸在瓦尔德斯半岛海域的时间是2～4月和10～11月间。它们长8～9.5米，重5～9吨。尾鳍强而有力，游动时产生向前的动力；胸鳍则保持身体平衡与前进方向。逆戟鲸有一个绰号叫“杀人鲸”，因为它们不仅吃鱼类，也吃其他哺乳类动物，如海龟、企鹅等。

距瓦尔德斯半岛约100千米的海岸边，有一个凸出的陆角。站在海滩高处放眼望去，无数的企鹅近在眼前，一部分蹒跚而行，一部分在树阴下闭目养神，还一部分在海中嬉戏。方圆50千米内，有几百万只麦哲伦企鹅栖息。与南极企鹅相比，形体较小，站立时只有30～40厘米。虽然也有白肚皮黑脊背，但脖子上多了一个白环，看上去比南极企鹅还要漂亮。

瓦尔德斯岛最主要的植被是巴塔哥尼亚草原植物，这里的植物有明显的分带现象，大致可分为18个区。目前岛内现已发现有41个种属的130种植物，其中有41种为濒危品种。受气候环境的影响，岛内占绝对优势的植物是旱生植物，另外还有一些灌木丛。

人间天堂：塞舌尔群岛

塞舌尔群岛全部为塞舌尔共和国的领土，此外还包括西南方的阿米兰特群岛、普罗维登斯群岛和阿尔达布拉群岛等。全国共有岛屿115个(其中花岗岩岛37个，珊瑚岛78个)。据说，这是印度洋中部古代大陆地壳激变留下的唯一花岗岩岛群。陆地面积455平方千米，

人口约8.1万。首都维多利亚，人口约2.7万。

塞舌尔群岛的花岗岩岛散布在一个呈新月形的海底高原上，岛上地势险峻多山，以马埃岛最大，面积153平方千米。马埃岛上的塞舌尔山海拔915米，为全国最高峰。低地年平均气温24 ~ 30℃。年平均降水量2 375毫米；山区高达3 560毫米；西南部珊瑚岛上仅500毫米。

如果说塞舌尔群岛是人间天堂，那么五月谷就是这天堂里的伊甸园。坐落在普拉兰岛中心的五月谷是世界上最小的自然遗产，面积只有19.5公顷。因其中7000多棵海椰子树而闻名于世。但是除了海椰子，这里还有许多世界上独一无二的动植物，堪称珍奇大观园。

五月谷于1966年成为国家公园，1983年被联合国教科文组织命名为世界自然遗产。

塞舌尔群岛的北岛

五月谷至今仍保留原始风貌，除了外围的防火林，其中的所有植物都是天然生长的。谷中各种奇异的棕榈科植物挺拔耸立，吸引着人们的目光，斑驳的阳光从阔大的枝叶间洒下，照着不时探出头来的可爱小蜥蜴，不知名的鸟儿在林子里婉转鸣叫，溪水欢快地从脚下流过。整个山谷只有三条沿山势辟出的1米宽的小径供游人通行，如果没有导游，游客可以凭着手中的地图寻找公园设在路边的解说牌，来自己发现和认识那些珍稀的动植物，有如寻宝之旅。路上间或可见木质长椅可供休憩片刻，一切都显得那么和谐。

众多的岛屿

塞舌尔群岛由92个岛屿组成，一年只有两个季节——热季和凉季，没有冬天。这里是一座庞大的天然植物园，有500多种植物，其中的80多种在世界上其他地方根本找不到。并且，每一个小岛都有自己的特点，其中有著名的龟岛——阿尔达布拉岛。

塞舌尔群岛是葡萄牙人在1505年发现的。1609年英国人入侵。1756年被法国侵占。1794年和

1804年英、法两度争夺群岛。1814年并入英属毛里求斯。1903年划出，改为英属直辖殖民地。1975年实行内部自治，1976年独立。塞舌尔终年常绿,风光秀丽。普拉兰岛上的“天然海底椰园”是世界上独一无二的海椰子的故乡。海椰子被称为“爱情之果”，被视为国宝，还有伯德岛的“海鸟天堂”，阿尔达布拉岛的“海龟世界”等吸引着世界各地的游客。旅游业已成为经济的支柱，收入占国内生产总值的25%和外汇收入的70%以上。旅游业给塞舌尔带来了繁荣，也带动相关产业的发展。20世纪90年代，年人均国内生产总值达到6000多美元。主要经济作物有椰子、肉桂、咖啡、茶叶、薄荷和香草，渔业资源丰富。交通以海运为主。

塞舌尔的战略地位也很重要。维多利亚港是西印度洋国际航运的停泊港和中继站。美国在塞舌尔设有卫星跟踪站。

天然沥青湖之岛：特立尼达岛

世界上有很多湖泊，各式各样，各具特色。不知你知不知道，有这样一个大湖，湖中没有水，也没有鱼虾，湖中黑黝黝的底部不是水，而是质地绝佳的天然沥青。这个大湖就在加勒比海的特立尼达岛上。

特立尼达岛面积4828平方千米，是南美洲委内瑞拉北部山脉在海水中的延续部分。岛上林木葱郁，清溪淙淙，三座山峰，自东向西，横贯全境。1493年，第三次航行到达美洲探险的哥伦布，望见这三座山头时，想起基督教中“圣父、圣子、圣灵”三位一体的说法，就把这个岛称为“特立尼达”，意思是“三位一体”。

从特立尼达岛上的西班牙港东南行95千米，便是举世闻名的拉布里亚沥青湖。滴水俱无的“湖泊”，内藏天然沥青10130万吨左右，这是世界上最大的天然沥青湖。其湖面犹如大象身上皱皱巴巴的厚皮，呈黑褐色，散发出特有的沥青臭味。除湖心一个裂口不断冒气外，其他地方都是硬巴巴的，甚至可以安全地在湖面上行走和驶车。

1867年，英国殖民者开始采掘这里的沥青。在石油工业尚未生产沥青制品以前，这里一直是世界上天然沥青的主要供应地。这里的沥青铺在地上闪闪发光，号称“灰色闪光的马路”，特别适合夜间行车。

令人奇怪的是，这个湖的沥青貌似“取之不尽，用之不竭”。头一天挖走几十吨，第二天那个窟窿

特立尼达岛

就不见了。挖多少，补上来多少。当地人因此把它称为神湖。其实，并非如此，是湖底巨大的压力把沥青推上来后将窟窿补平了。而湖面还是在缓慢沉降的。经过100多年的开采，湖面已下沉了10多米。

特立尼达的沥青湖旦还发现过其他的一些怪事。怪事之一，是人们在湖中找到了许多意想不到的东西。有古代印第安人的武器和生活用品，还有史前动物的骨骼、牙齿、鸟兽的化石等等。在这些化石中，以猛兽猛禽青壮年时期的化石占绝大多数。怪事之二，是在1928年，湖中突然冒出了一根粗大的树干，伸出湖面4米多高。几天之后，又自动慢慢倾斜，最后没入湖中。人们发现，这个树干的木质完好，就像刚伐下的新树。可科学家们却认定，这树干至少已有5000岁的高龄了。这些令人费解的怪事，至今仍令许多科学工作者，花费心思去探索研究，企图揭示它的奥秘。

关于这个世界最大沥青湖是怎样形成的，人们的说法不一。现在，人们基本倾向于火山口形成说，那就是石油和天然气在地下与软泥流混合，通过裂隙涌进死火山口，满溢成湖。随着油、气的大量挥发，留下的残渣即成沥青。今天，人们从湖面缝隙中冒出的天然气及其余热里，从窟窿自动合口的力量中

还能感受到地下热力和压力的余威呢！

对于此湖，当地流传着这样一个神话：古代时，生活在这里的加勒比人中有个强悍的部落，在战胜敌人之后举行庆祝。但不幸的是，有人偷猎了岛上的“神鸟”——蜂鸟佐餐。此举激怒了天神，立即命令地面裂开，于是，乌黑的岩浆涌出，吞没了整个部落和村庄，形成了沥青湖。这固然是神话，但原始印第安人称特立尼达为“蜂鸟之乡”倒是事实。

蜂鸟是世界上最小的鸟类，最小的一种体长仅长 2 厘米，如黄蜂般大小。这种鸟的鸟巢像半个鸡蛋壳悬挂树上，产下的卵小如豆粒。蜂鸟虽小，但体态玲珑，羽裳华丽，真是人见人爱。其飞行本领之高强非其他鸟类可相比。蜂鸟飞行的速度可达每小时数十千米，高度达 3000 米，而且还有倒飞、悬停等绝技。

特立尼达岛上美丽的风景和可爱的蜂鸟，吸引着世界各地的游客，而那神秘的沥青湖，则给这里带来了巨大的财富。

第四节　神秘海岛

会漂移的大巴里尔岛

在新西兰的北部，有一片数百平方千米的珊瑚岛礁，人们把它称为大巴里尔岛礁。20 世纪 60 年代，一批科学家到那里考察，发现一些小岛礁在“漂移”，而另一些岛礁则失踪了。这件怪事引起科学家们的极大兴趣，他们开始寻找小岛漂移、失踪的原因。

1. 珊瑚虫的天敌

科学家经过很长时间的调查，终于揭开了秘密。原来，那些漂移的海岛的水下根基全被长棘海星吃掉了，那些消失的小岛礁也是被长棘海星吃进肚子了。长棘海星是珊瑚虫的天敌。

长棘海星被称为“海中飞碟”，它是海星类中最大的一种。长棘海星最大的个体有 1 米左右，一般为 20 ~ 45 厘米。长棘海星中央的体盘向周围辐射伸出 16 个类似爪子的触腕，整个身躯像只旋转的大轮子。它身体背面和腕的背面、侧面生着密密的长的毒棘，人若被它刺伤，会感到剧痛。

长棘海星整天整夜爬行于珊瑚礁间。它摄食时，触腕和体盘一齐将珊瑚枝体或块状珊瑚包起来，然

长棘海星

长棘海星吞食珊瑚

后从口中翻出一个大型囊状胃把众多珊瑚虫的肉质部分刮吸得干干净净，留下来的仅仅是白色的骨骼了。这里的珊瑚肉质吸光了，又转移到另一处的珊瑚丛上，它就这样夜以继日地吞食着珊瑚虫。据专家们观察，每只长棘海星一昼夜能吃掉2平方米大小的珊瑚。一块100平方米的礁盘，只要有2～3只长棘海星，用不了多久就会被分化瓦解而失踪。据新西兰科学家统计，大巴里尔珊瑚岛礁已经有数百万平方千米的珊瑚礁毁在长棘海星的口里，而且被毁的速度相当惊人。长棘海星成了珊瑚岛礁的一大害。

长棘海星的危害不仅使珊瑚礁水域生产力下降、珊瑚礁鱼群离去、失去生态平衡，而且直接影响自然生长或人工养殖的麒麟菜的生长和质量，甚至间接破坏埋藏在珊瑚礁中的水下设施。在日本，就曾发生过由于长棘海星毁坏珊瑚，致使水下管道因失去珊瑚的保护而报废的事故。

珊瑚礁是自然界赐给人类的“海底花园”，它不但美化了海岸，给人类带来美的享受，而且它对堤岸和岛岸起着保护作用。哪里的岛岸或防波堤有珊瑚虫繁殖，哪里就非常坚固。因此长棘海星带来的破坏，不能不使海洋科学家将其当做重大问题来加以解决。

珊瑚礁的作用

珊瑚礁是石珊瑚目动物形成的一种结构，这个结构可以大到影响其周围环境的物理和生态条件。在深海和浅海中均有珊瑚礁存在，它们是成千上万的由碳酸钙组成的珊瑚虫的骨骼在数百年至数千年的生长过程中形成的。珊瑚礁为许多动植物提供了生活环境，其中包括蠕虫、软体动物、海绵、棘皮动物和甲壳动物，此外珊瑚礁还是大洋带的鱼类幼鱼生长地。

2. 寻找长棘海星的克星

20世纪70年代，澳大利亚的大堡礁也出现珊瑚礁遭严重破坏的现象，而破坏者正是长棘海星。因此，1971年澳大利亚成立了专门的

科研机构，政府拨专款开展对珊瑚天敌的研究。

为什么长棘海星会大量繁殖呢？用什么样的办法能控制它的繁殖呢？这成了科学家攻克的主要目标。经过长期观察和科学试验，科学家发现促进长棘海星大量繁殖的因素很复杂，要想利用化学或物理的办法来抑制长棘海星很难办到，但若将两种办法并举，就能控制长棘海星的生长。一种是大量人工养殖法螺，它是长棘海星的天敌；另一种是由潜水员潜到海中，捕捉和消灭长棘海星。如在太平洋的西萨摩亚沿海长5千米左右的珊瑚礁中，人们潜水捕捉了1.5万只长棘海星，结果很快就控制住了危害，珊瑚又重新生长起来。

世界上的生物都是一物降一物。科学家们发现，除法螺之外，还有长袖、服虾和鳞鲀类鱼能吞食长棘海星。在长期的生存搏斗中，法螺、长袖、服虾及鳞鲀鱼都有一套攻击长棘海星的高超本领。

长棘海星的天敌——法螺

法螺捕食时，首先用肉片状的腹足将身体吸附在海星的腕上，然后伸出长“嘴”从海星的腕部管足间插入海星体内，吸食海星的体液。长袖和服虾看起来比海星小得多。它遇到海星时，先将两只有力的大螯插入长棘海星的腕下用力将其向上推举，直到把长棘海星翻个仰面朝天，使海星的口和体盘的腹面暴露出来。然后服虾再用两只大螯轮番把海星的口撕裂开来，把长棘海星的肠胃和生殖腺等一块块钳下来，送入自己的口中。

法螺捕捉猎物

鳞鲀鱼在珊瑚礁中有20多种，全是长棘海星的天敌。这种鱼头扁，体呈菱形、椭圆形，外表像炮弹，故俗名炮弹鱼。鳞鲍鱼攻击海星时，首先吸足海水对准海星腹部下方快速喷射，把海星翻个腹部朝天，然后用锐利的板状牙从海星不设防的口部将其内脏啄食掉。

科学家们了解了这些长棘海星天敌后，就在礁群中大力培植这些天敌,以此来控制长棘海星的数量，保护珊瑚礁。

汤加群岛

神出鬼没的小岛

汤加群岛的西列，多数都是火山岛，地势较高。这些岛屿中最大的是托富阿岛。岛上有座火山，海拔 1125 米，是全国的最高点。这座火山的形态保存得相当完整，可与日本富士山相媲美。火山口积水成湖，湖面常年云雾缭绕。在托富阿岛以北的纽阿福欧岛，有一个面积很大的火山湖。湖中有岛，岛中又有湖，一环套一环，构成了完美独特的湖光岛色。湖中因沸泉高喷，形成飞瀑，热气腾腾，呼呼作响。往下看是沸水滚滚，往上看如高山瀑布，景色奇特。

汤加的火山岛中有不少活火山。纽阿福欧岛就是个活火山岛。1946 年这里火山喷发，居民全部撤离，如今岛上没有人居住。

人们传说，这里有个“玩偶匣”岛，时隐时现。1904 年 11 月它曾从波浪中露出头来。那是个岩石岛，周长约 3.218 千米，海滩上布满了美丽的浮石。日本人最先发现了这个新生岛，当即宣布归己所有。可是，日本人高兴得太早了，两年之后的一次地震，使这个小岛又突然不见了。

后来，这个岛又从海中钻了出来，汤加国王立即占领了它。汤加人日夜庆祝海神赐给他们一个新岛。但乐极生悲，它不久又消失了。

汤加国王非常生气，他召开了诅咒大会，令所有的人都用最恶毒的话咒骂海神。但是，咒了几天几夜，那个岛还是没有出现。汤加国王就塑造了一个海神像，用长矛刺它，用火烧它的手指和脚趾。他们以为如果痛痛快快地把海神折磨够了，海神就会向他们低头，就会还给他们这座海岛,但仍然一无所获。后来汤加国王改变了态度，决定好好对待海神，希望能得到海神的回报。于是，他们在大海边大声唱着颂歌，称海神是世界上最好的神，还把最好的食物送给海神。1928 年，火山又喷发了，这个岛果真又从海

里钻了出来，而且竟高达182.9米。汤加人又庆贺了一番。但10年之后，这个岛又神秘地消失了。无论汤加人唱赞歌也好，咒骂也好，小岛再也没有出现。

一批地质学家对这个岛产生了兴趣，决定冒险到水下去看看究竟。他们穿着潜水服，戴着潜水镜和氧气瓶，潜入了淡绿色的世界。从下面看，水面像被微风吹皱的丝质面纱一样荡漾着。阳光透过水面，小鱼游过他们身边。接着水渐渐变热了，听到了海底火山发出的持续隆隆声，每隔一会儿海底就发生一次剧烈的震动，海水便横冲直撞地翻腾起来。

地质学家们到达33米深的时候，海底世界已经展现在他们面前：一个火山口，虽然不是很大，但形状和陆地见过的很相似。从它弯曲的程度可以断定直径有450多米。火山通道直上直下，深不见底，里面的水呈黑色，随着火光一起喷涌出来。每次喷发都会产生耀眼的光亮，把漆黑的海底照得通明，强大的潜流使潜水员站不稳身子。

有个胆大的科学家，像飞行员一样俯瞰这座火山。他看到从火山口里喷出来的不是热气，而是滚滚的热水，还不断冒出巨大的气泡。他们不能靠得太近，水的高温使他们无法忍受。他们用放大镜和望远镜在水下观察。尽管火山口上面就是寒冷的海水，但火山通道里仍然猛烈地燃烧着，有时还喷出火舌和

汤加火山岛

火山湖

石头。这种海底火山奇观令他们终生难忘。

当然，这种探险是相当危险的，因为很难断定火山什么时候大喷发，如果一旦碰上大喷发，熔岩从海底喷上来，周围海水立即沸腾，潜水员在这样的海水中转眼间就被烫熟了。

据说，曾有几位科学家在纽阿福欧岛的火山湖考察，想从山的裂缝中寻找一条通海的路。正当他们找到一条暗道时，火山突然喷发，地震把山震塌，这几位科学家不幸葬身于此。

不管这些传说是真是假，有一点是肯定的，那就是这些小岛景色宜人，而一些新生的火山岛又时隐时现，相当神奇。但这些可不是由人工雕琢而成的，而是因大自然的鬼斧神工，火山和地震的塑造和海浪长年累月的雕刻所致。

新生岛带来的恐怖

赫玛埃岛距新生的火山岛苏尔采岛约 10 千米，面积约 12 平方千米，岛上有 5000 多人。它是冰岛与挪威之间，维斯托曼群岛中设备比较好的港口岛屿。因为这些岛很小，在世界地图上是很难找到的。新生的苏尔采岛多次发生火山喷发，给

赫玛埃岛带来了毁灭性的灾难。

1963年11月14日上午7点30分，一艘小小海船正在冰岛以南的海域里做捕鱼准备，突然一位船员惊呼，前方海面起火了，同时海上飘来了一股臭鸡毛味。船长大惊失色，立即命令电讯员发出SOS求救信号。船长登上高处用望远镜观察，只见大火起处喷出通红的火山弹。海底火山喷发了！船离喷火处只有2海里，顿时在大浪中摇晃起来。船长立即把看到的一切记录下来。

当时刚好有架从冰岛起飞的客机飞过火山上空，也立即将喷发的情景拍摄下来。这时喷烟已高达3500米，火山裂谷长约300~400米，每隔半分钟就有一次大喷发，中间夹杂着一些小喷发。火山弹落进海里，溅起高高的水柱，海水也变成褐灰色。每次喷发，大海就荡起同心圆状的波涛，从飞机上拍下的照片，相当美丽、壮观。

到下午3点，裂谷长度发展成500米，喷烟高度达3600米。浓烟从褐色变成黑色，继而就喷出带白色蒸气尾巴的火山弹。火山弹呈抛物线状落入海中。滚烫的火山弹使一部分海水汽化成白雾，围住黑色喷烟，互相衬托，显得十分壮美。

11月16日，海洋中诞生了一

海底火山喷发

座高40米、长600米的椭圆形新岛。有位法国科学家冒死登上新岛，把小岛取名为苏尔采岛。

12月13日，居住在附近维斯托曼群岛的居民想再登上小岛时，像触怒了天神一般，火山再次爆发，考察者差点送了命。

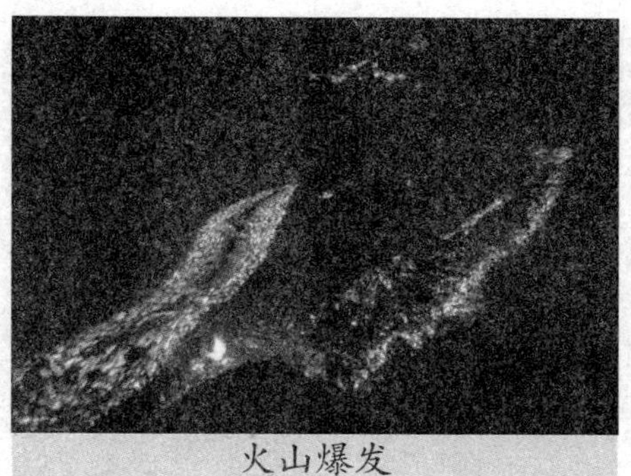
火山爆发

1963年12月28日，距苏尔采岛2海里多的海域里，又升起喷烟，眼看又一处快要发生火山爆发了。然而很快又恢复了平静。1964年2月1日，苏尔采岛北部海岸火山喷发，新生的火山口和原来的火山口交替着喷发。结果苏尔采岛向西北方向延伸。有7名考察人员登岛时，遇到危险，因缺氧差点送命。

1964年4月4日，苏尔采岛再次喷发，火山口里涌出一条通红的熔岩流，沿坡而下，一直流进大海。熔岩流速为每秒10~20米。地质学家、生物学家开始陆续登岛考察。5月14日，发现岛上已有细菌。1965年6月初距苏尔采岛0.5海里处，又爆发一座新火山。10月17日形成了一座新生火山岛。一个星期后，这座新生岛又突然不见了。1965年圣诞节的第二天，苏尔采岛西南方数米又有新的火山爆发，形成一个小岛。第二年的8月，这个小岛也莫名其妙地消失了。

经过3年零6个月的折腾，到1967年5月，海底火山活动告一段落。苏尔采岛的火山海拔178米，全岛面积2.8平方千米。

苏尔采岛火山折腾了3年，可把离它10千米的小岛——赫玛埃岛害苦了。

苏尔采岛火山，断断续续的喷发，使赫玛埃岛上的居民每天都心惊肉跳地眺望苏尔采岛，他们担心有朝一日会灾难临头。这种惶惶不安，终于变成可怕的现实。

1973年1月23日凌晨1点15分，两个半夜起来散步的人，惊慌地大叫起来，他们看到大地裂开大口子，接着里边喷出火来。这个岛东部本来有座高约200米的赫尔戈赫尔火山，火山有条裂缝长1.5千米，此刻有40多处向外喷出熔岩。那情景太可怕了，好像是用尖刀捅开了地球，从地球的切口中往外喷出浓浓的血液。

岛上警报大作，居民拿着一些食品和衣服，抛弃家园，逃到安全

地带。无线电台不断发出求救信号。冰岛电台当天早晨作了报道。

裂谷中岩浆喷发强度不一，市镇东边最为强烈，有好多处喷出火山弹，不断把房子引燃。

1月23日的喷发最为强烈，整个市镇完全被喷出来的黑色火山渣和火山灰覆盖，一些房子被熔岩淹没，起先还能看到房顶，第二天就完全毁灭在烟灰中。6天之后，火山喷发变弱，只有裂口中央还在喷火，接着出现了新的火山锥。1个月左右，火山形成160米高的圆锥形。2月8日，熔岩流到距岛上最重要的港口约180米处。在紧急关头，当局动员人们用海水泼向熔岩，使其改变流向，结果获得成功。到3月中旬，火山锥高度达200米，岛的面积扩大了1.7平方千米。到1973年8月，火山才真正宁静下来。岛上居民经过6个多月噩梦般的折磨，到此刻才敢合上眼睡一会儿安稳觉。

火山锥

没有太阳的岛屿

在加拿大的北部，离格陵兰岛不远处有着一个面积不算小的岛屿，它就是加拿大伊丽莎白女王群岛中的埃尔斯米尔岛。

伊丽莎白女王群岛

伊丽莎白女王群岛是加拿大北极群岛最北的群岛，总面积将近42万平方千米。群岛拥有若干面积较大的岛屿，其中最大的巴芬岛是世界上第五大岛，其他主要的岛屿包括埃尔斯米尔岛、巴瑟斯特岛等。群岛是为纪念伊丽莎白二世在1953年加冕为女王而以她的名字命名。

埃尔斯米尔岛是个冰雪严寒、人迹罕至的岛屿，由于它的地理位置，所以得不到太阳的宠爱，每年的11月到次年的3月，太阳是不肯在这里露面的。然而在夏天的时候，太阳似乎对自己的偏心有所悔悟，

便在埃尔斯米尔岛的地平线上久久不肯离去，撒下一点微弱的温暖给这块受到冷落的土地。

由于寒冷，埃尔斯米尔岛是非常荒凉寂静的，它的面积是冰岛面积的两倍多，寒冷的气候净化了这里，极度纯净的空气，使岛上广阔的冰原、光秃秃的山岭和巨大的冰川看上去非常清晰，给人一种远在天边而又近在眼前的感觉。

埃尔斯米尔岛的最北端是哥伦比亚角，它距北极只有 756 千米。岛海岸线在冰川冲蚀下参差不齐，有不少的峡湾。有些峡湾的地形非常险峻，比如阿切峡湾，其两侧的悬崖高出海面 700 多米，形如刀削斧砍，十分壮观。每当微弱的阳光透过层层云雾长久照射到冰川上时，那雕塑般的冰川末端的冰块便会碎裂，漂游在海上成为冰山。岛的周围是块块巨大高叠的冰山，而岛上南坡的积雪在太阳下融化，在一片明亮白色的衬托下，灰色、黑色的岩石山峰分外庄严肃穆。经过千百万年冰雪的侵蚀，岛上一些山岭变得圆润温和。嶙峋的白色冰山与圆润的黑色山岩相映衬，岛上的景色有了一种不同寻常的壮美。

埃尔斯米尔岛虽然荒凉，但在岛南部的峡湾沿岸却居住着不畏严寒的因纽特人。1953 年，加拿大为

埃尔斯米尔岛冰川

了表明自己对埃尔斯米尔岛的主权，在格赖斯峡湾沿岸建立了居民点。这个居民点是加拿大最北部的居民点，对加拿大来说，意义非同小可。不过，这个居民点并不是该岛最早的居民地。大约在 4000 年前，美洲人的祖先从西伯利亚来到阿拉斯加，他们刻苦勤劳的后代们又跋涉到埃尔斯米尔岛。现在，人们可以在一个圆砾围成的营地遗址里找到当年人类生存的遗迹。大约在 1250 年前，因纽特人的祖先大批迁居到埃尔斯米尔岛上，他们与大自然搏斗，希望能在这荒漠的土地上建立起自己的家园。然而，大自然太严酷了，年复一年的酷寒使他们举步维艰，终于在 1753 年前后，因纽特人全部离开了这里。美国探险家皮里曾率领探险队探险北极，他将该岛作为探险的基地。皮里和他的伙伴汉森一起，在 16 天内走完最后的 250 千米路途到达北极点，成为世界上第一个到达北极点的人。

埃尔斯米尔岛固然严寒荒寂，然而，再艰险的环境中也有生命的存在。埃岛夏季时，一大部分积雪都会融化，这时，以北极罂粟为代表的各色耐寒野花们就会在小溪小湖畔竞相怒放。北极圈内最大的湖泊——黑会湖一带是荒岛上最大的绿地，到了夏季，湖畔生机勃勃，到处可以见到苔藓，伏𬘘、石楠和虎耳草。除了植物外，草原上还生活着成千上万的雪白的北极野兔和成群的麝牛、驯鹿，夏季是这些动物生命的旺盛期，而冬季，它们也不南迁，全靠刨食积雪下的地衣和绿色植物过冬，它们的天敌不是严寒也不是食物，而是同样与严寒抗争的北极狐和北极狼。

既然动植物可以生活在埃尔斯米尔岛上，人类也就关心起埃岛的生态来。1988 年，加拿大政府将该岛的一部分辟为国家公园，其面积约为 4 万平方千米，略小于瑞士。每逢夏季,便有大批游客来到这里，他们徒步穿行在原野湖区，欣赏这独特而壮丽的景色。然而，也有很多人向加拿大政府呼吁，人类的大量进入将会破坏埃尔斯米尔岛脆弱的生态环境。此呼声已得到人们的广泛关注。

北极野兔

古代小人国

夏威夷群岛由夏威夷岛、毛伊岛、瓦胡岛、考爱岛等 8 个大岛和许多小岛组成。地理学家们在考察夏威夷人类发展情况时发现，考爱岛人口约 50 万，是古代小人国所在地。

1. 神秘的曼涅胡内人

新西兰学者斯密特在研究波利尼西亚领袖人物时，发现了一个很有趣的规律：在这些人物的家谱中，最初的一些人的名字同波利尼西亚的传说中的人名正好吻合，但往后就不尽相同了。他认为开始时波利尼西亚民族是居住在一起的，后来迁移到波利尼西亚岛上去，开始了自己独有的历史。从夏威夷的领袖家谱中，可以确定波利尼西亚人是 13 ~ 14 世纪到夏威夷的，而在公

夏威夷岛美景

元2世纪时，夏威夷群岛上就有人定居了。

万能背景画

考爱岛面积仅1430平方千米，却是个集万千地貌于一身的袖珍地质公园。太平洋上众多海岛各有各的奇景，如峭壁鸟巢、喷水石孔、七彩岩层，不过这些都能在考爱岛上找到。由于不可多得的美景，考爱岛吸引了众多好莱坞的大牌制片人。时至今日，考爱岛已为超过70部的好莱坞电影提供了充满异国情调的背景场面，包括热带丛林、火山岩地形、迷人海滩以及田园诗般的瀑布等。在影片《恐怖地带》里，考爱岛充当了一回刚果丛林，在《荆棘鸟》中又变成了澳大利亚海滩，而在《长驱直入》中则摇身变为越南一景。考爱岛因此被美国电影界誉为“万能背景画”。

那么究竟谁是夏威夷人的祖先呢？在夏威夷诸岛上流传着关于矮人曼涅胡内人的种种神秘的民间传说。那里的老人都证实，他们曾

经在考爱岛的丛林中看到过曼涅胡内人。

曼涅胡内人到底什么模样呢？老人们介绍说：他们的身高只有60～90厘米。有人认为更矮，只有普通人的膝盖高。他们昼伏夜出，一般人很难见到他们。他们全身披毛，肌肉发达，身体滚圆，力气很大，面部肌肉红润光滑，浓眉下有对大眼睛闪闪发光，低低的额头上都是头发，鼻子短而坚实。

这些人表面看上去有点古怪可怕，实际上他们很快乐，非常善良，善于言谈，而且声音洪亮，争吵或集会时，他们的嗓音能把岛上的鸟群吓跑，连水中的鱼儿也会受惊。他们人虽矮，可是走路如飞，每天能绕岛走6圈，达150多千米。他们的天敌是狗和枭，除此之外，天地间的凶禽猛兽，包括海中的鲨鱼，他们一概不怕。他们住的是洞穴，或者是用树叶盖的小房。他们吃生食物，还不会用火。

传说中，考爱岛是漫涅胡内人的大本营，有50万人在那里居住，其他岛上也有一部分，约1.5万人。后来随着夏威夷人的失踪，曼涅胡内人也日益减少。当最后一位统治者卡乌姆·阿里执政时，考爱岛上只有1万余人了。

考爱岛海岸

曼涅胡内人不爱攻击和侵犯别人，相反却非常乐意帮助别的岛民搞建设。夏威夷群岛上遗留下的各种古建筑上，都有他们的智慧和汗水。各种奇怪的岩洞，堆起来的石头，以及岛上的拦河坝、蓄水池、庙宇等等都出自他们的双手。他们晚上工作，一旦白天降临，他们就放下手中的活，急忙回到自己家里。

枭

夏威夷的博物馆里，保存着一本夏威夷的民间代表人物弗尔纳提尔的手稿，里面记载着曼涅胡内人建造的3000座庙宇，其中有10座在瓦胡岛。这些庙宇建筑都具有巨大的正方形场地，周围有围墙，场地中间有放祭品的祭台。最大的庙宇叫毛奥基民，是矮人们一夜之间建成的。建造时1.5万人排成长队，把石块从几千米之外的采石场传递过来，在鸡鸣日出前这座庙宇便建成了。庙宇围墙高6米、厚2.5米，方形场地面积达3600平方米。

曼涅胡内人自己在岛上建造的10座庙宇中，有一座没有完工。据说是狗和枭向这支黑夜建筑大军发动了进攻，迫使他们中断了工作。

去过夏威夷群岛的人都看到，那里的灌溉渠建得十分具有艺术性，据说这也是矮人们的杰作。传说有个叫奥拉的夏威夷人领袖，想修个蓄水池，他请一个叫庇的术士帮忙。庇有个亲戚在曼涅胡内人中间。庇对奥拉提出要求：只有任何人晚上不出来，狗也不准叫，把鸡塞到南瓜做的容器里，他才肯召集曼涅胡内人来帮助建造石头拦河坝。奥拉答应了庇的条件，并下了禁令，结果矮人们一夜之间就建好了一条拦河坝。

2. 神秘地消失了

以上这些传说和神话不足为信，那么到底有没有这个小人国呢？它为何又神秘地消失了呢？

长期研究曼涅胡内人的专家希洛阿提出的一个假设，似乎具有一定的说服力。

他说夏威夷人的祖先迁来时，曼涅胡内人就已经在这里定居了。他们并不是神话中的那种矮人，而是普

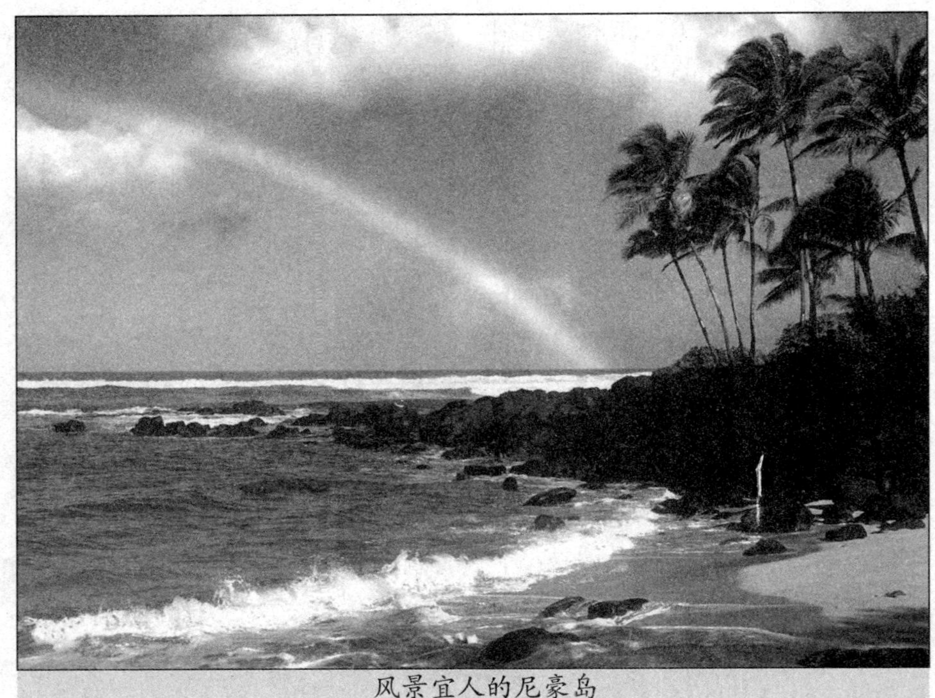
风景宜人的尼豪岛

通人。他们的祖先在塔希提岛上。

曼涅胡内人分布于夏威夷各岛，后来夏威夷人的祖先把曼涅胡内人赶到森林茂密、人迹罕至的考爱岛上。数年之后，这些被排挤的曼涅胡内人后来又迁到山峦起伏、荒无人烟的尼豪岛和内克岛上去了。夏威夷人在捕鱼时又发现了尼豪岛，但没有发现内克岛。内克岛上的建筑风格都酷似塔希提岛的建筑风格，而塔希提岛上的建筑物恰恰是曼涅胡内人建造的。

非常遗憾的是，考古学家始终没有在内克岛上找到曼涅胡内人的骨骸。希洛阿认为曼涅胡内人是被赶到夏威夷群岛的最北部而从海里消失的。他们是夏威夷岛上的普通波利尼西亚人。

因为证据不足，也有许多科学家不信这种假说。但从考爱岛考古中的确发现过矮人骨架，当然，到底是否曾经存在过小人国，仍在争论之中。

3. 确有“袖珍”人种

我们暂且不去讨论考爱岛上到底有没有过小人国。人类中确有“袖珍”人种的存在。在非洲热带原始丛林中，有一个约 15 万人的原始黑人部族。这个部族的成人身高一般

只有 1 米，最高也不超过 1.2 米，这个部族的人被称为俾格米人。他们世世代代都生活在原始森林中，从事游牧、狩猎和简单的原始农业劳动。据人类学专家研究，在人体内有一种称为Ⅰ型类胰岛素生长素的激素，它分泌的多少，直接关系到身体的发育，而俾格米人的这种生长激素只有正常人的 1/3，因而他们体型矮小。再加上这些部族的婚姻都是近亲血缘繁殖，因此有可能一代比一代更矮。

地球上不仅存在小人国，而且还存在罕见的人种。如在撒哈拉沙漠中，就有一种极稀少的蓝色人种。在非洲的原始森林里，探险队也见过拥有约 3000 人的绿色人种，他们全身像树叶一样绿。生活在津巴布韦东北部边界地区的赞比亚谷地一带的德马族，很多人只有两个脚趾，被称为“鸵鸟人”。

这种种奇闻多少可以说明人种的多样化，人类在进化过程中由于受到大自然的种种影响，产生一些特殊性也是不足为奇的。从这个角度讲，考爱岛古代存在“小人国”完全有这种可能性。

俾格米人

4. 会听到狗叫的沙滩

考爱岛是夏威夷的第二大岛，它是世界上降雨量最多的地方，号称世界“雨极”。岛的东北坡是全岛降水量最多的地方，每年有 350 天是雨天。相当奇怪的是，隔条山岭，考爱岛的西南部却是一片沙漠，降雨量不足东北部的 4%。

更为神奇的是，人在这些沙丘上走动时，沙丘会发出“汪汪”的狗叫声。如果人在沙滩上奔跑，沙丘就会发出雷鸣般的声音，天气越干燥，它发出的声音就越大。

很长一段时间以来，科学家都在对这些奇怪的自然现象进行探讨和研究，但至今还没有可靠的答案。这些奇怪现象吸引了世界上数以万计的游客，使夏威夷成了神奇的旅游胜地。

神秘的亚速尔群岛

亚速尔群岛位于直布罗陀海峡以西的北大西洋东中部的火山群岛，为葡萄牙共和国领土，是欧、美、

亚速尔群岛

非洲之间海、空航线中继站，战略和交通位置极其重要。它由西北－东南走向延伸的3组火山岛群组成，主要岛屿有10个，面积2344平方千米。

亚速尔群岛是地中海气候，夏季干热、冬季温湿。最热月(7月)平均气温在28℃左右，最冷月(1月)平均气温18℃。年降水量在750～1000毫米。

亚速尔群岛是神秘的，因为没有人清楚地说出是谁在什么时候发现了它们。民间曾经流传有这样一个浪漫的传说，一位天使从空中抛下一朵花，落下了九片花瓣，变成了岛民们美丽的家园，这就是亚速尔群岛。实际上，早在中世纪时期，诺曼人、阿拉伯人就已经在岛上定居，1427年，葡萄牙人曾航行到此，发现了亚速尔群岛，1431年，亚速尔群岛逐渐被葡萄牙人占领，1976年成为葡萄牙的一个自治区。岛上居民多为葡萄牙人后裔，多信天主教，通用葡萄牙语。首府英雄港位于特塞拉岛南岸，是群岛的政治、经济中心和主要海港。主要航空港有圣玛丽亚机场、圣安那机场、拉日什空军基地等。20世纪70年代，美国与葡萄牙协议，在当地仍保留美国驻军。

亚速尔群岛山势崎岖、怪石嶙峋、重峦叠嶂；海面辽阔、烟波浩渺；港湾幽深，沙滩平缓；平原碧绿如毯，繁花似锦，风和日丽，犹如人间天堂。

岛上土地肥沃，植被茂盛，农作物一年四熟，盛产菠萝、香蕉、

柑橘、葡萄、枇杷、无花果、西番莲果等各种水果。这里草地广阔，牧草丰美，牛羊肥壮，居民多以农耕或放牧为生。群岛上犹如一座世界树木博物馆，有移植于地中海沿岸的松柏、菩提树、黎巴嫩的西洋杉、澳大利亚的楮树、北欧的悬木以及热带的棕榈等。

亚速尔群岛还有“花岛”之称，岛上终年鲜花盛开，四季飘香，有玫瑰花、山茶花、杜鹃花、玉兰花、芙蓉花、绣球花、爱情花以及许多叫不出名来的野生花等。居民房前屋后，鲜花锦簇；在宾馆房间，服务员每天插上一束新采摘的花；岛上的居民探亲访友，迎接贵客，也会赠送鲜花。每逢民间节日，人们就以鲜花铺路，使节日气氛热烈又不失高雅。

亚速尔群岛上的传统手工艺品，是游客争相购买之物，如彩釉陶器、柳条制品、刺绣、传统玩具以及用羽毛、鱼鳞制成的假花和用鲸鱼骨制成的艺术品等。亚速尔群岛总能在无形中给游客带来很多惊喜。

巨石像群之谜

在辽阔的南太平洋上，有一个只有 117 平方千米的小岛，那就是智利的复活节岛。这个三角形小岛

菩提树

离太平洋上的其他岛屿非常遥远，其中最近的有人居住的岛屿是皮特凯恩岛，远在西边2000千米处。

1722年4月5日，荷兰航海家雅可布·洛加文第一次发现复活节岛。当洛加文发现它时，在地图上用墨笔记下了一个点，并给它命名为“复活节岛”，因为这一天正好是基督教的复活节。从此，该岛便以“复活节岛”广为人知。但是人类学界通常称它为拉帕努伊岛，取自“石像的故乡”之意。在19世纪中叶，波利尼西亚人对它用这个称呼，岛上原居民也被称作拉帕努伊人。

复活节岛由3座死火山的熔岩流和凝灰岩构成，呈三角状。土壤贫瘠，只在岛西南部的平原和岛东端一隅有较好的耕地。岛上没有溪水河流，只能依靠火口湖和池塘等积蓄雨水。

岛上的植物也非常少，主要是草本植物和矮小灌木。甘薯是居民主要的食物来源，是最重要的农作物，除此之外，还有葫芦、甘蔗、香蕉、芋头等。

孤立的环境限制了很多动物在岛上生存，脊椎动物只有鱼类，另

复活节岛石像

复活节岛的巨大石像

有具有长途飞行能力的海鸟，还有蜘蛛、昆虫、蚯蚓、蜗牛、蜈蚣等。

不可思议的是，复活节岛的居民将自己居住的地方叫做“世界的肚脐”。最初的时候，人们对此并不理解，直到后来宇航员从高空鸟瞰地球时，才证明这种叫法是完全正确的——复活节岛孤悬在浩瀚的太平洋上，与一个小小的“肚脐”一模一样。然而“世界的肚脐”未必指全岛,可能仅指岛上的火山口，这样就显得不那么神秘了。这个称呼的准确含义也许是“大地的尽头”。

但是，复活节岛确实有很多不可思议的地方。它位于南纬27°，属亚热带气候，十分暖和。它的形成与100万年前海底的三座火山喷发有关。

火山灰是一种肥沃的土壤，有利于种植。从理论上来说，它应该与其他波利尼西亚人的岛屿一样，是个天堂乐园。然而，洛加文却说：“我们起初从远距离观察，把复活节岛设想成了一块沙地，这是由于我们将枯萎的野草或其他枯干、烧焦的植物都当成了沙土，因为它荒凉的外表只给我们特别贫瘠的印象。”但是，大批被当地人称为“莫

埃”的巨大石像就是诞生在这块贫瘠、落后的土地上的。

复活节岛上最为有名的景观是巨大的石像，目前已发现的约有1000尊。这些巨大的石雕像大多在海边，有的竖立在草丛中，有的倒在地面上，有的竖在祭坛上。巨大的石像有些高达几十米，重达82吨。它们的头长，眼窝深，鼻子高，下巴突出。它们没有脚，双臂垂在身体两旁，双手放在肚皮上。

石雕像是用淡黄色火山石雕刻而成的。有些石像戴有帽子，帽子是用红色岩石雕成的 高几米，呈圆柱形。有些石雕像身上还刻有符号，与纹身图案相似。另外，人们还发现了比这些巨大的石雕像还要大1倍的石雕像，但大部分是半成品。

复活节岛拥有神秘的巨石人像、“会说话的木板”和奇异的风情，吸引了众多游人前来观光游览。在每年的复活节时，这个面积不大的小岛会变得十分活跃。

复活节岛北部的阿纳凯是全岛最具魅力的景点，既有威武的“莫埃”石像，也有一片金黄色的沙滩，岸上的棕榈树林青翠茂密。攀上全岛最高点——海拔507米的特雷瓦卡山顶极目远眺，岛上的大小火山和四周的石像尽收眼底。辽阔的太平洋与蓝天交相辉映，令人心旷神怡。距离特雷瓦卡山不远的是著名的“七尊莫埃”。传说它是一个毛利巫师的7个儿子等待欧图·玛图阿王到来的地方。“达海”是全岛保存最完好的“莫埃”石像群。傍晚时分，人们步行到这里观看日落，霞光掩映，巨大的石像被衬托出永恒的剪影。

此外，岛上还有很多祭坛，目前共发现300座。有的祭坛上竖立着巨石像。祭坛样式多样，以窄长石台居多，两边都有侧翼。当然，还有其他一些石头建筑物，如祭师居室、祭祀场等。它们也给复活节岛增加了神秘的气氛。

海神诞生的岛屿

在美丽的希腊神话故事中，有一位女神非常受人们的喜爱，据说她能给人带来幸福、快乐、美丽和爱。她就是爱神阿佛罗狄特。

爱神有一种人所看不见的武器“神矢”，人一旦被她的箭射中，立刻会在心中燃烧起爱情的火焰，即使是天神也不例外。阿佛罗狄特，这个名字是“从海水的泡沫里诞生”的意思。传说她是众神之王宙斯与瀛海之神的女儿狄奥涅的爱情结晶，

出生在塞浦路斯西海滨白色悬崖下的大海波涛中，那里浪花中兀立着三块巨石，中间那块高约10米多，亭亭玉立，如出水芙蓉。所以人们便用女神的别名塞浦路斯给她出生的岛屿命了名。

另有一种说法，说“塞浦路斯”一词是从拉丁文“铜”字演化而来的。在很早很早以前，人们发现这里有珍贵的金属铜，所以这里开发铜的历史也是很悠久的。那时，铜的经济价值很高，这个岛便被西方国家视为聚宝盆。于是希腊人就以铜作为岛的名字。虽然塞浦路斯岛上的铜实在不能同赞比亚、智利等名副其实的铜国相比，但这里毕竟是地中海地区的重要产铜地区。

塞浦路斯岛是地中海东北部的岛屿，面积为9000多平方千米，为地中海中的第三大岛。由于地处海上交通要冲，古代塞浦路斯岛的对外贸易就十分兴旺，曾一度称雄海上，并拥有一支强大的船队，控制着东地中海的贸易。塞浦路斯岛上的居民主要为希腊和土耳其两大民族。现在塞浦路斯岛上的独立国家是塞浦路斯共和国。

美丽的海岛，神秘的传说，宜人的气候，东、西方交汇的文化遗迹，使塞浦路斯岛成了世界闻名的旅游之邦。

塞浦路斯岛

塞浦路斯岛与神话有着十分密切的联系。除了人们把这里说成是爱神的出生地之外，还有许多神话故事与这里有关。据说岛上的玫瑰原是洁白的，一天，爱神的情人打猎受了伤，爱神闻讯赶去，脚被荆棘刺破，鲜血洒在花上，从此玫瑰就变成了鲜红色。岛上一簇簇白色的银莲花则是爱神串串泪珠变成的。意大利文艺复兴时期的大画家达·芬奇到这里居住后，在他的《笔记》中说：此处山色秀丽，招惹得漂泊的舟子来到这百花丛中偷闲小憩。古希腊史诗作家荷马、悲剧作家欧里庇德斯等，也都以极大的热情描写过塞浦路斯岛之美。据说古罗马三巨头之一的安东尼，就曾浪漫地将塞浦路斯作为爱情礼物送给了埃及女王。动画片大王迪士尼，在塞浦路斯北部群山中灵感大发，创作了儿童卡通电影《白雪公主》。

岛上城市尼科西亚创建于公元前200年，自10世纪末至今一直是

岛国的首都，它就是塞浦路斯悠久历史的最好的见证。城中央有威尼斯人占据塞岛时留下的圆形城墙和11座心形碉堡；位于城墙内中心部位的塞利朱耶清真寺，原是一座哥特式天主教堂，土耳其人入侵后，增修了两个尖塔，改为清真寺。十字军东侵时期修建的大主教教堂和圣约翰教堂，是典型的希腊正教教堂。今内城小街细巷，曲折如同迷宫。传统的手工、皮革商店多把货品堆在人行道上，博物馆里珍藏着从新石器时代到罗马时期的各种文物。

海滨小城莱夫卡，以盛产花边闻名于世。自古以来，这里女人以刺绣为业，男人出外推销产品，足迹遍及世界各地，莱夫卡便成了全国著名的侨乡。如今这一小城仍保持中世纪的特色，街巷狭窄曲折，古色古香。一年一度的艺术节盛况空前。